S.L. Verma
M.N. Ansari
A.K. Paswan

Necessidade de formação dos produtores de batata

S.L. Verma
M.N. Ansari
A.K. Paswan

Necessidade de formação dos produtores de batata

ScienciaScripts

Imprint

Any brand names and product names mentioned in this book are subject to trademark, brand or patent protection and are trademarks or registered trademarks of their respective holders. The use of brand names, product names, common names, trade names, product descriptions etc. even without a particular marking in this work is in no way to be construed to mean that such names may be regarded as unrestricted in respect of trademark and brand protection legislation and could thus be used by anyone.

Cover image: www.ingimage.com

This book is a translation from the original published under ISBN 978-620-7-47344-1.

Publisher:
Sciencia Scripts
is a trademark of
Dodo Books Indian Ocean Ltd. and OmniScriptum S.R.L publishing group

120 High Road, East Finchley, London, N2 9ED, United Kingdom
Str. Armeneasca 28/1, office 1, Chisinau MD-2012, Republic of Moldova, Europe
Printed at: see last page
ISBN: 978-620-7-95111-6

Necessidade de formação dos produtores de batata

S.L.Verma

M.N.Ansari

A.K.Paswan

2024

PREFÁCIO

A formação é uma das formas de dar aos agricultores a oportunidade de utilizarem da melhor forma as capacidades potenciais efectivas dos recursos agrícolas. É um facto indiscutível que os agricultores desempenham um papel crucial no desenvolvimento nacional global através da produção de tubérculos, cereais alimentares e outros alimentos de base. Existe um grande número de tecnologias de cultivo de batata que podem ser utilizadas pelos produtores de batata para aumentar a sua produção. É motivo de grande preocupação que o potencial total dos agricultores e outros recursos não estejam a ser utilizados de forma eficiente. A batata é um dos tubérculos mais importantes cultivados em Bihar. A produtividade da batata no nosso Estado é bastante baixa em relação à média nacional. A batata é a cultura com maior potencial de exportação, o que permite melhorar a condição socioeconómica dos agricultores.

As conclusões sobre as caraterísticas pessoais e socioeconómicas dos agricultores apresentarão a natureza dos agricultores, o que será de grande ajuda para aqueles que estão envolvidos no desenvolvimento socioeconómico da comunidade agrícola. Os resultados do estudo darão uma ideia sobre as necessidades de formação dos agricultores em várias componentes da cultura da batata. O conhecimento das necessidades de formação das diferentes categorias de agricultores ajudará os governos, bem como as instituições, a formular programas de formação adequados para as diferentes categorias de agricultores no que respeita à produção de batata em geral e à produção de outros produtos hortícolas em particular. Os resultados do estudo também ajudarão a conhecer as preferências dos agricultores quanto à época, duração e frequência do programa de formação relativo à produção de batata.

Assim, espera-se que os resultados deste estudo sejam de grande valor e utilidade para os planificadores, decisores políticos, extensionistas e estudantes do ensino de extensão que trabalham no domínio da formação para o desenvolvimento agrícola e rural.

SOBRE OS AUTORES

O Sr. Shashi Lal Verma trabalha atualmente como Coordenador da Agricultura, Departamento da Agricultura, Governo de Bihar. Concluiu o seu Mestrado (Agri.) em Ensino de Extensão na Universidade Agrícola Rajendra, Pusa, Samastipur, Bihar.

O Dr. M. N. Ansari fez o seu doutoramento em Educação para a Extensão na R.A.U., Pusa, e trabalha atualmente como Professor Associado e Cientista Sénior no departamento de Educação para a Extensão, Dr. Rajendra Prasad Central Agriculture University, Pusa, Bihar. Orientou dez estudantes de mestrado (Ag.) no domínio do ensino da extensão e publicou oito livros, dez capítulos de livros e mais de 50 artigos de investigação em revistas internacionais e nacionais de renome. É titular e membro de diferentes sociedades profissionais. O Dr. Ansari recebeu também o Prémio Jovem Cientista do ISEE, Nova Deli (2017), o Prémio Jovem Professor (2018), o Prémio Excelência no Ensino (2019), o Prémio Excelência na Extensão (2020) e o Prémio Académico Extraordinário (2021) de várias sociedades profissionais.

O Dr. A.K. Paswan trabalha atualmente como Professor Associado e Cientista Sénior no Departamento de Educação para a Extensão, na Universidade Central de Agricultura Dr. Rajendra Prasad, em Pusa. Orientou oito estudantes de mestrado (Ag.) no domínio do ensino da extensão e publicou cinco livros, nove capítulos de livros e mais de 43 artigos de investigação em revistas internacionais e nacionais de renome. O Dr. Paswan recebeu também o prémio de melhor professor, o prémio de jovem cientista, o prémio de melhor trabalhador de extensão e o prémio de cientista distinto de diferentes sociedades académicas e profissionais.

ÍNDICE

INTRODUÇÃO

A batata, popularmente conhecida como o rei dos legumes, é uma das culturas mais importantes e mais cultivadas do mundo. Em termos alimentares, a batata ocupa o quarto lugar, depois do arroz, do trigo e do milho. Originária dos Andes da América do Sul, a cultura da batata espalhou-se por todo o mundo. Atualmente, a batata é cultivada em cerca de 18,6 milhões de hectares em 150 países. Foi introduzida na Índia nos anos 1600 pelos comerciantes portugueses. A Índia, terra de rios e riquezas, é também a morada natural de algumas das melhores variedades de batata. Estas são aclamadas em todo o mundo como a fonte de energia. No cenário mundial da batata, a Índia ocupa o quarto lugar na produção, depois da China, da Federação Russa e da Polónia, e o terceiro lugar em área, depois da Rússia e da China.

A batata é uma fonte valiosa de nutrientes. O cabaz de legumes indiano está incompleto sem mencionar este tipo de legumes, uma força de sustentação e uma delícia culinária. O poder da batata é conhecido por sustentar milhões de vidas, fornecendo alimentos nutritivos em tempos de guerra e fome. A batata é nutricionalmente superior e fornece alimentos de baixas calorias e proteínas de alta qualidade. Contém até 18,50% de hidratos de carbono, que são uma fonte rica de energia. Tem um valor calórico de 97 calorias por 100 gramas.

Embora a batata seja um alimento de baixas calorias, é uma fonte rica em proteínas, minerais, vitaminas e fibras alimentares superiores. O sabor tentador das batatas ricas em nutrientes torna-as parte essencial do pequeno-almoço energético, do almoço e do jantar, em todo o mundo. A variedade de pratos deliciosos confeccionados à base de batata é reveladora da variedade que esta oferece ao paladar. Para satisfazer as necessidades de pessoas de diferentes idades, secções e estratos da sociedade, a batata é consumida sob várias formas, desde as deliciosas fritas às não experimentadas.

A batata é considerada um legume popular entre as massas na Índia devido à sua utilização extensiva em todas as ocasiões auspiciosas. É um alimento versátil. Pode ser cozinhada de muitas maneiras e transformada numa série de produtos com sabor caraterístico. Os principais produtos fritos à base de batata são o Alu Shakarpara, a lachha de batata, as batatas fritas desidratadas, as preocupações com a batata, os palitos de batata desidratados e os padads de batata-sagu. Os produtos não fritos à base de batata são a batata em pedaços, os botões de batata/Murabba, os flocos de batata, a tarte doce de batata, o creme de batata em pó, a mistura de sabão de batata, o bolo de batata, etc.

A batata é, portanto, uma das culturas mais valiosas para a implementação do objetivo de aumentar a produção, com um rendimento anual que pode atingir 250-300 t por hectare. Rica em valor alimentar, pode complementar admiravelmente os principais cereais do país, ou a alimentação estável das pessoas. Nestes períodos críticos, os projectos a curto prazo são naturalmente mais vantajosos para o agricultor do que os planos a longo prazo. A batata é uma cultura de muito curta duração que está pronta para ser colhida 60-70 dias após a plantação e pode desempenhar um papel vital no aumento da produção de produtos hortícolas. A produção em grande escala destes produtos hortícolas ajudaria a ultrapassar a atual escassez de produtos hortícolas no país, fazendo assim com que o país avançasse na via da autossuficiência na produção alimentar e, consequentemente, da viabilidade económica.

A batata surgiu como uma das culturas de rendimento mais importantes na nossa nação, a Índia. É também uma cultura muito estratégica do ponto de vista da exportação no nosso país. É cultivada em condições mais amplas, em dias curtos, e colhida de janeiro a março, quando não há batata fresca disponível na maior parte do Hemisfério Norte, preferida pelo seu sabor a nível mundial. A batata indiana satisfaz a qualidade internacional em termos de ausência de doenças, forma, tamanho, cor da pele, polpa e teor de matéria seca. Atualmente, são exportadas anualmente cerca de 20 884 toneladas métricas de batatas.

A criação de quatro Zonas Agrícolas de Exportação (ZEA) para a batata, uma em Punjab, outra em Uttar Pradesh, outra em Bengala Ocidental e outra em Madhya Pradesh, constitui um passo muito significativo para o desenvolvimento da batata. Dando continuidade aos esforços para aumentar as exportações do país e melhorar a qualidade e a produtividade da batata através da melhoria da disponibilidade de sementes e de técnicas de pré-colheita, as ZEA constituem um esforço para reforçar e criar infra-estruturas para a gestão da cadeia de abastecimento e uma comercialização agressiva. As AEZs também estão a organizar a investigação futurista sobre a melhoria das variedades, a criação de um sistema de previsão de doenças e o fornecimento de mão de obra e apoio logístico para a formação e serviços de extensão.

Na Índia, um grande número de variedades de batata é libertado por diferentes instituições de investigação e universidades agrícolas. No entanto, apenas algumas variedades específicas são comercializadas no país. As variedades promissoras da Índia são a Kufri Jawahar, a Kufri Ashoka, a Kufri Pukhraj, a Kufri Chandramukhi, a Kufri Kanchan, a Kufri Giriraj e a Kufri Badshah. As variedades de batata de pele vermelha mais comuns são a Kufri Lalima e a Kufri Sindhuri, a Kufri Chipsona-1 e a Kufri Chipsona-2, desenvolvidas no CPRI-Shimla, que são batatas novas, ideais para transformação.

A investigação sobre a batata registou recentemente alguns avanços significativos, mas ainda é necessário desenvolver um tipo de tecnologia de produção de batata de baixo custo que enfrente os desafios emergentes da organização do comércio mundial. O desenvolvimento de estruturas de armazenamento de baixo custo e baixa necessidade de energia é suscetível de desempenhar um papel fundamental no futuro.

A batata surgiu como uma das culturas alimentares mais importantes da Índia. A Índia registou um enorme progresso na produção de batata durante as últimas décadas. Em 2001-02, a Índia produziu 25 milhões de toneladas de batata, enquanto que em 1970 essa produção era de 5 milhões de toneladas. Durante as últimas três décadas, a área cultivada com batata aumentou cerca de 151 por cento e a produtividade cerca de 100 por cento.

Em 2009-10, a Índia produziu cerca de 36,58 milhões de toneladas de batata em 1,84 milhões de hectares, com um rendimento médio de 19,95 t/ha. Quatro grandes estados produtores de batata, nomeadamente U.P., Bengala Ocidental, Bihar e Punjab, representam 74% da área e 84% da produção de batata no país. No entanto, existem grandes diferenças de produtividade entre os vários Estados, que vão de 4,21 t/ha em Sikkim a 24,62 t/ha em Gujrat

Em Bihar, a batata é cultivada principalmente nos distritos de Nalanda, Patna, Samastipur, Siwan, Saran e Vaishali, mas a zona em torno de Biharsharif, no distrito de Nalanda, é conhecida pela sua grande produção comercial. Em Bihar, a batata é atualmente cultivada numa área de cerca de 3,13 lakh hectares, com uma produção total de 53,87 lakh toneladas. Ocupa a terceira posição em termos de área e produção de batata no país, depois de Uttar Pradesh e Bengala Ocidental. No entanto, a produtividade da batata em Bihar é bastante baixa, ou seja, 17,17 toneladas/ha, o que é inferior à média nacional.

A baixa produtividade da batata em Bihar indica que existe uma grande margem para aumentar a produção e a produtividade desta cultura. Se as tecnologias recomendadas para a produção de batata forem adoptadas pelos cultivadores. O fraco rendimento médio da batata pode dever-se ao desconhecimento da tecnologia melhorada e às más condições socioeconómicas dos produtores. Atualmente, existem poucos estudos de investigação realizados na área das necessidades de formação em batata em diferentes partes do país e em Bihar apenas um desses estudos pôde ser localizado. Mas não existe nenhum estudo deste género no distrito de Nalanda, em Bihar. Por conseguinte, é imperativo realizar um estudo empírico sobre as necessidades de formação dos produtores de batata em relação a diferentes componentes do cultivo melhorado da batata.

Objectivos do estudo

Tendo em conta os presentes problemas de investigação acima referidos, a investigação proposta foi planeada com alguns objectivos específicos para estudar as necessidades de formação dos produtores de batata e identificar as diferentes caraterísticas socioeconómicas e pessoais associadas às mesmas e o seu nível de conhecimentos. Como complemento, foi também contemplado conhecer a perceção dos agricultores sobre várias subcomponentes do programa de formação, a fim de obter o feedback desejado para tornar o programa de formação mais eficaz e útil para o grupo de clientes. Nesta perspetiva, os objectivos específicos do estudo foram os seguintes

(1) Avaliar as caraterísticas socioeconómicas e pessoais dos produtores de batata.

(2) Medir o nível de conhecimento dos agricultores sobre a tecnologia recomendada para a produção de batata.

(3) Determinar as necessidades de formação dos produtores de batata no que respeita aos diferentes componentes de uma cultura de batata melhorada.

(4) Conhecer a perceção dos agricultores sobre as várias subcomponentes do programa de formação.

Âmbito e importância do estudo

Os resultados do estudo darão uma ideia sobre as necessidades de formação dos agricultores em várias componentes da cultura da batata. O conhecimento das necessidades de formação das diferentes categorias de agricultores ajudará os governos e as instituições a formular programas de formação adequados para as diferentes categorias de agricultores no que respeita à produção de batata em geral e à produção de outros produtos hortícolas em particular. Os resultados do estudo também ajudarão a conhecer as preferências dos agricultores quanto à época, duração e frequência do programa de formação relativo à produção de batata.

Limitações do estudo

A presente investigação foi efectuada em dois blocos, nomeadamente Biharsharif e Katrisarai, do distrito de Nalanda, no Sul de Bihar. Por conseguinte, a generalização feita nesta tese é suscetível de ser válida para esta ou outras áreas agro-sócio-culturais semelhantes do Estado. A objetividade deste estudo está limitada à capacidade dos inquiridos de fornecerem as informações necessárias. O estudo também sofreu com as limitações de tempo, dinheiro, conveniência, cobertura, etc., enfrentadas por um estudante investigador individual. No entanto, dentro das suas limitações, foram feitos esforços para tornar o estudo mais sistemático, abrangente e científico, tanto quanto possível.

Organização da tese

A tese foi organizada em cinco capítulos. O primeiro capítulo trata de uma introdução ao tema e aos problemas, dos objectivos específicos da presente investigação e do âmbito, importância e limitações do estudo. No segundo capítulo, é apresentada uma revisão dos estudos e observações relevantes. Segue-se o terceiro capítulo, que trata da metodologia de investigação utilizada no estudo. As conclusões e a discussão constituem o conteúdo do quarto capítulo. O último capítulo contém um breve resumo e a conclusão da presente investigação. A literatura consultada e citada no corpo da apresentação foi incluída numa secção separada após o resumo e a conclusão. Segue-se o apêndice relevante preparado e utilizado durante o estudo.

REVISÃO DA LITERATURA

Neste capítulo, foi feita uma tentativa sistemática de apresentar uma análise exaustiva da literatura relevante relacionada com o problema em estudo, que é uma parte essencial de qualquer investigação científica. Tendo em conta os objectivos do presente estudo, a literatura e os relatórios existentes que tratam das necessidades de formação e das suas diferentes componentes foram analisados nos seguintes subtítulos.

(1) Caraterísticas socioeconómicas e pessoais dos produtores de batata.

(2) Nível de conhecimento dos agricultores sobre a tecnologia recomendada para a produção de batata.

(3) Necessidades de formação dos produtores de batata em relação a diferentes componentes da cultura melhorada da batata.

(4) Perceção dos agricultores sobre as várias subcomponentes do programa de formação.

Caraterísticas socioeconómicas e pessoais dos produtores de batata

Idade

Bajaj e Nayak (1989) observaram uma associação negativamente significativa da idade com os conhecimentos.

Knot e Nagore (1989) observaram que a idade estava associada de forma negativa aos conhecimentos.

Reddy *et al.* (1989) observaram que o conhecimento de práticas melhoradas era mais elevado nos agricultores de meia-idade.

Singh e Bharma (1990) referiram que a idade tem um impacto insignificante na adoção de tecnologias.

Yadav (1990) observou que a idade estava associada de forma negativa aos conhecimentos

Jha (1992) referiu que existia uma relação positiva e significativa entre a idade e a diferença tecnológica.

Patil (1995) referiu que a idade não apresentava qualquer relação significativa com a diferença tecnológica.

Baruah *et al.* (1998) referiram que a idade do agricultor, tanto com formação como sem formação, apresentava uma relação significativa mas positiva com a diferença de tecnologias. Isto indica que quanto maior a idade, maior a diferença de tecnologias.

11

Das *et al.* (1998) referiram que a idade não apresentava qualquer relação com a diferença tecnológica.

Sagwal e Malik (2002) revelaram que a idade apresentava uma relação negativa mas significativa, ao nível de 0,5 de probabilidade, com todos os conhecimentos dos agricultores sobre a tecnologia de produção de arroz.

Singh e Singh (2002) observaram que a idade dos inquiridos tem uma relação positiva significativa com o grau de adoção de fertilizantes azotados e fosfatados, ao passo que a idade não foi considerada significativa para o grau de adoção da aplicação de micronutrientes.

Singh *et al.* (2009) observaram que a maioria dos inquiridos pertencia ao grupo da meia-idade (48,00%), seguido do grupo dos jovens (27,00) e dos idosos.

Painkara *et al.* (2010) verificaram que a maioria dos inquiridos pertencia ao grupo da meia-idade (54,17%), seguido do grupo dos idosos (23,33%) e dos jovens.

Singh *et al* (2011) concluíram que a maioria dos inquiridos pertencia ao grupo da meia-idade (53,16%), seguido do grupo dos idosos (30,38%) e dos jovens (16,46).

Rav *et al.* (2011) revelaram que o número máximo de inquiridos (61,66%) foi observado na categoria de meia-idade, seguido dos idosos (22,50%) e dos jovens (15,84%), respetivamente. Assim, verifica-se que os agricultores das categorias de meia-idade eram mais numerosos do que os das outras categorias da amostra.

Educação

Singh (1987) referiu que o conhecimento da tecnologia científica de produção de arroz estava significativa e positivamente associado à educação.

Singh e Sharma (1990) referiram que a educação tem um impacto insignificante na adoção de tecnologias.

Jha (1992) referiu que se verificou que a educação tinha uma associação significativa com o fosso tecnológico.

Deshmukh et al. (1995) observaram que a educação estava correlacionada de forma positiva e significativa com os conhecimentos dos produtores de amendoim de verão.

Patil (1995) referiu que a educação não mostrava qualquer relação com o fosso tecnológico.

Baruah *et al.* (1998) observaram que as habilitações académicas e a exposição aos meios de comunicação social apresentavam uma relação significativa, mas negativa, com o fosso tecnológico entre os pequenos produtores de chá com e sem formação.

Das *et al.* (1998) referiram que a educação tinha uma associação significativa e negativa com o fosso tecnológico.

Barman *et al.* (2000) referiram que a educação estava significativamente correlacionada de forma negativa com o fosso tecnológico.

Subashini e Thyagarajan (2000) referiram que se verificou que o nível de instrução tem uma relação positiva e altamente significativa com o grau de conhecimento.

Sagwal e Malik (2001) revelaram que a educação estava positiva e significativamente relacionada com o conhecimento geral dos agricultores sobre a tecnologia de produção de arroz.

Singh e Singh (2002) observaram que a educação dos inquiridos estava significativamente associada à adoção da tecnologia.

Singh *et al.* (2009) observaram que a maioria dos agricultores tinha o ensino primário (25,00%), seguido do ensino secundário (24,00%), do ensino médio (23,00), do ensino superior (18,00%), do analfabetismo (6,00%) e (4,00%) do ensino superior.

Meena *et al.* (2009) concluíram que os inquiridos tinham um nível de educação consideravelmente bom no contexto dos alfabetizados e dos analfabetos.

Singh *et al.* (2011) referiram que a maioria dos inquiridos tinha habilitações literárias (52,22%), seguindo-se os analfabetos (26,26%) com 21,52% de habilitações.

Rav *et al.* (2011) relataram que a percentagem de alfabetização dos inquiridos foi de 70,00 por cento, enquanto 30,00 por cento dos inquiridos eram analfabetos. Além disso, os níveis de escolaridade dos inquiridos alfabetizados, por ordem decrescente, foram os seguintes: 18,33, 15,00, 11,67, 7,50 e 2,50 por cento, como médio, primário, intermédio, sabe ler e escrever, ensino secundário e superior.

Exploração de terras

Jha (1992) referiu que foi encontrada uma associação significativa e negativa entre a dimensão da exploração e a diferença tecnológica no que respeita ao H.Y.V. da cultura da mostarda e do sésamo.

Das *et al.* (1998) referiram que a propriedade fundiária não apresentava qualquer relação com o fosso tecnológico.

Subashini e Thyagarajan (2000) referem que a dimensão da exploração agrícola apresenta uma relação positiva e significativa com o nível de conhecimentos.

Singh e Singh (2002) observaram que a dimensão da exploração dos inquiridos estava significativamente associada à adoção de tecnologias.

Singh e Singh (2002) observaram que a dimensão da exploração dos inquiridos tinha uma relação positiva e significativa com o grau de adoção de fertilizantes azotados e fosfatados, ao passo que a dimensão da exploração não era significativa para o grau de adoção da aplicação de micronutrientes.

Singh *et al.* (2009) indicaram que a maioria dos inquiridos (50,00%) pertencia às categorias de pequenos agricultores, seguidos dos agricultores marginais (48,00%) e de 2,00% nas grandes categorias de agricultores.

Singh *et al.* (2011) indicaram que a maioria dos inquiridos (55,07%) pertencia às categorias de agricultores médios, seguidos dos grandes agricultores (30,37%) e de 14,56% das categorias de pequenos agricultores.

Rav *et al.* (2011) indicaram que a maioria dos inquiridos (73,33%) pertencia às categorias de agricultores marginais, seguidos dos pequenos agricultores (15,83%), da categoria média (5,84%) e de 5% da categoria grande.

Rendimento anual

Singh (1987) referiu que o conhecimento da tecnologia científica de produção de arroz estava significativa e positivamente associado ao rendimento total da família.

Deshmukh et al. (1995) observaram que o rendimento anual estava correlacionado de forma positiva e significativa com os conhecimentos dos produtores de amendoim de verão.

Patil (1995) observou que os agricultores das categorias de baixa, média e alta lacuna tecnológica estavam significativamente associados às variáveis independentes, nomeadamente o nível de conhecimentos, o rendimento e a orientação para o risco.

Barman et al. (2000) referiram que o rendimento anual estava significativamente correlacionado de forma negativa com o fosso tecnológico.

Singh e Singh (2002) observaram que o rendimento dos inquiridos estava significativamente associado à adoção de tecnologia.

Singh *et al.* (2011) revelaram que a maioria dos inquiridos tinha um rendimento anual médio (50,32%), seguido de um rendimento anual baixo (28,16%) e 21,52% de um rendimento anual elevado.

Intensidade **da cultura**

Sethy (1978) referiu que os agricultores com maior intensidade de cultivo tendiam a adotar mais práticas agrícolas melhoradas.

Thripathy (1977) referiu que a intensidade da cultura não estava significativamente associada à diferença tecnológica.

Singh (1987) referiu que o conhecimento da tecnologia científica de produção de arroz estava significativa e positivamente associado à intensidade da cultura.

Jha (1992) referiu que os agricultores estavam correlacionados de forma negativa e altamente significativa com a lacuna tecnológica na cultura da mostarda e do sésamo.

Patil (1995) referiu que a intensidade de cultivo não mostrava qualquer relação com a lacuna tecnológica.

Motivação económica

Takshak (1990) sublinhou que o desenvolvimento do espírito empresarial é considerado como um empreendimento para a criação de emprego através da promoção de pequenas empresas e é a chave para o sucesso do desenvolvimento socioeconómico do país.

Nanavathy (1992) revelou que existem muitas técnicas geradoras de rendimento que podem ser iniciadas a nível doméstico, tais como o fabrico de maiorias, cordas, giz, costura, cestos, fósforos, etc. As perspectivas para a pequena indústria e a indústria artesanal na Índia são brilhantes. Estas indústrias podem gerar emprego, contribuir para o rendimento nacional e têm um excelente potencial de exportação. Estas técnicas melhoram o nível de vida das suas famílias graças a um rendimento suplementar.

Kumari e Ratnakar (1993) referem que a maioria das mulheres que se dedicam ao trabalho por conta própria têm um estatuto socioeconómico mais elevado, educação e contactos médios com a extensão. A orientação para o risco é mais elevada, a orientação para a realização é média e a orientação para a gestão é elevada.

Deolankar (1993) examinou os antecedentes de 100 empresários e a sua atitude em relação ao crescimento e à modernização das suas unidades e concluiu que 37,12% dos empresários iniciaram as suas unidades com o desejo de fazer algo pioneiro e inovador, enquanto 28,03% tinham um forte desejo de independência e liberdade.

Singh e Gill (1993), ao documentarem a revisão dos estudos de adoção publicados no India Journal of Extension Education (1980-87), revelaram que a motivação económica era um dos factores dominantes relacionados com a adoção de vários pacotes de práticas.

Sharma (1993) constatou que a maior parte dos beneficiários dos centros KVK e ITI preferem actividades como o fabrico de vestuário, alfaiataria, bordados, apresentação de produtos hortícolas e alimentares para gerar rendimentos.

Narayana e Reddy (1994) referiram que existia uma associação positiva entre a variável motivação económica e o grau de adoção de práticas melhoradas no cultivo de arroz, mas que essa associação não era estatisticamente significativa.

Shinde *et al.* (1997) concluíram que a participação social, a motivação económica, a capacidade de gestão e a fonte de informação são essenciais para aumentar o nível de utilização dos benefícios dos programas de desenvolvimento do sector leiteiro pelos produtores de leite.

Manker *et al.* (1998) referiram que a capacidade de inovação e a motivação económica estavam associadas às percepções dos produtores sobre os atributos da variedade de algodão AKH-84635 e determinavam a taxa de adoção.

Thankar e Patel (1998) referiram que a motivação económica estava correlacionada de forma positiva e significativa com a contribuição das mulheres agricultoras em explorações mistas.

Singh *et al.* (2000) concluíram que os resultados da investigação sobre a adoção no Maharashtra Journal of Extension Education (1982-1997) indicam que a motivação económica é o fator mais importante relacionado com a adoção de vários pacotes de práticas.

Awasthi *et al.* (2000) concluíram que o nível de conhecimentos e de atitudes estava significativamente associado à motivação económica.

Gogoa e Phukan (2000) referiram que a motivação económica mostrou uma associação significativa com o grau de adoção e que um cêntimo dos adaptadores pertencia à categoria de motivações económicas elevadas, preferência pelo risco elevado e orientação científica elevada.

Kumar (2002) concluiu que a motivação económica contribuiu positivamente para a adoção da tecnologia de produção de arroz boro, mas não de forma significativa.

Sharma *et al.* (2008) concluíram que a maioria dos produtores de produtos hortícolas tinha uma motivação média para a realização. Metade dos inquiridos tinha uma influência orientada para a realização pessoal. A maioria dos produtores de produtos hortícolas foi considerada fraca na expressão da sua força, na ação antecipada e na vigilância antecipada. Um curso de formação bem concebido pode melhorar o seu nível de motivação para a realização.

Singh *et al.* (2011) referiram que a maioria dos inquiridos (41,77%) se encontrava nas categorias de motivação económica dos agricultores médios, seguidos pelos agricultores baixos (37,34%) e 20,89% na categoria de motivação económica elevada.

Contacto da agência de extensão

Somasundram (1976) e Tripathy (1977) referiram que, com o aumento do contacto com os meios de comunicação social, houve um aumento correspondente na adoção de um conjunto de práticas.

Jha (1992) referiu que o comportamento de comunicação tinha uma associação significativa e negativa com as lacunas tecnológicas.

Baruah et al. (1998) observaram que as habilitações literárias e a exposição aos meios de comunicação social tinham uma relação significativa, mas negativa, com as lacunas tecnológicas entre os pequenos produtores de chá com e sem formação.

Das *et al.* (1998) referiram que o contacto com a extensão e a exposição aos meios de comunicação social têm uma associação significativa e negativa com o fosso tecnológico.

Subashini e Thyagarajan (2000) relataram que o contacto dos agricultores de tapioca com as agências de extensão tinha uma relação positiva e significativa com o nível de conhecimento.

Sagwal e Malik (2001) observaram que o contacto com a extensão estava correlacionado de forma positiva e significativa com o conhecimento geral da tecnologia de produção de arroz.

Singh *et al.* (2011) referiram que a maioria dos inquiridos (71,20%) se encontrava nas categorias de média participação na extensão, seguidos pelos agricultores de alta (20,25%) e 8,55% na categoria de baixa participação na extensão.

Rav *et al.* (2011) concluíram que os membros da família, os vizinhos, os líderes locais, os amigos, os parentes e os agricultores progressistas obtiveram a ordem de classificação I, II, III, IV, V e VI, respetivamente.

Nível de conhecimento dos agricultores sobre a tecnologia recomendada para a produção de batata.

Singh e gill (1980) referiram que, de um modo geral, os agricultores tinham um baixo nível de conhecimentos e de desempenho de competências antes da formação e que, como resultado da participação em cursos de formação no K.V.K., se registou uma melhoria significativa do nível de conhecimentos e de desempenho de competências dos participantes.

Mishra e Sinha (1981) encontraram uma relação significativa entre os conhecimentos sobre a tecnologia do trigo e a educação numa amostra total de agricultores. Mas não era significativa no caso dos médios e pequenos agricultores e era significativa apenas no caso dos agricultores. Afirmou ainda que a análise da trajetória revelou uma relação substancial no caso dos pequenos agricultores e bastante escassa no caso dos médios agricultores. Assim, pode inferir-se que a educação formal dos agricultores em geral foi importante para a aquisição de conhecimentos sobre tecnologia agrícola e foi mais importante no caso dos grandes agricultores. Mesmo os médios e pequenos agricultores com uma educação formal mais elevada adquiriram conhecimentos comparáveis sobre a tecnologia do trigo. O autor referiu ainda que o coeficiente da relação direta entre a orientação para o risco e o nível de conhecimentos era bastante significativo no caso dos grandes e dos pequenos agricultores, mas era bastante reduzido no caso dos médios agricultores.

Narasimha e Rao (1983) referiram que existia uma diferença significativa entre duas categorias no que respeita à formação e aos conhecimentos relativos ao cultivo de trigo de regadio e à gestão do solo e da água.

Sethy *et al.* (1984) referiram que o rendimento agrícola influenciava substancialmente o nível de conhecimentos apenas dos grandes agricultores, enquanto a educação influenciava substancialmente os conhecimentos das três categorias de agricultores, ou seja, marginais, pequenos e grandes agricultores. Também referiu que a orientação para o risco influenciava substancialmente o nível de conhecimentos apenas dos grandes agricultores.

Pandit (1984) constatou que os agricultores adoptados no âmbito do programa "laboratório a laboratório" tinham um nível de conhecimentos superior ao dos agricultores não adoptados. A diferença altamente significativa entre os agricultores adoptados e não adoptados no que diz respeito ao conhecimento do pacote de práticas das culturas selecionadas revelou claramente o impacto do programa "laboratório a terra" na adoção da tecnologia agrícola recomendada.

Kumar (1985) revelou que a baixa produtividade das leguminosas secas na Índia pode dever-se à reduzida percentagem da área irrigada em relação à área total cultivada com leguminosas secas. As leguminosas são geralmente cultivadas em terras marginais, com baixa fertilidade do solo e em condições de sequeiro, com um nível muito baixo de factores de produção. A ausência de factores de produção tecnologicamente melhorados comparáveis aos disponíveis para outros cereais, como o arroz e o trigo, pode constituir outro obstáculo. Para além das lacunas tecnológicas, para as quais é necessário um trabalho de investigação mais intensivo, o fluxo de tecnologia dos laboratórios para os agricultores é extremamente lento, dado o baixo rendimento do seu cultivo, comparável ao de outras culturas.

Rungta (1986) referiu que os agricultores formados no âmbito do programa de formação do K.V.K. Banka tinham um nível de conhecimentos superior ao dos agricultores não formados. A diferença altamente significativa entre a pontuação média de conhecimentos dos agricultores formados e não formados revelou claramente o impacto da formação nos agricultores.

Saraswati (1986) referiu que os pequenos e médios agricultores tinham uma média de conhecimentos inferior à dos grandes agricultores. Os pequenos agricultores tinham, comparativamente, o menor conhecimento médio sobre a tecnologia científica de produção de trigo.

Sohal e Fulzele (1986), ao avaliarem o impacto do programa de formação do KVK, NDRI, Karnal, concluíram que o programa de formação era muito eficaz, na medida em que melhorava os conhecimentos e as competências dos formandos e retinha os conhecimentos adquiridos a um nível considerável.

Singh (1987) referiu que o conhecimento da tecnologia científica de produção de arroz estava significativa e positivamente associado ao rendimento total da família, à educação, à intensidade de cultivo, ao comportamento de comunicação e à orientação para o risco, ao passo que a associação entre o nível de conhecimento e a rendibilidade não era significativa

Sardamani (1987) referiu que os conhecimentos e as competências das mulheres eram substanciais nos três Estados objeto do seu estudo, nomeadamente Tamilnadu, Andhra Pradesh e Bengala Ocidental. A autora referiu ainda que as mulheres estavam conscientes das mudanças tecnológicas e influenciavam a sua aceitação.

Govind e Subramanyam (1988), com base num estudo sobre o nível de conhecimentos das mulheres agricultoras em matéria de exploração agrícola, revelaram que o desempenho das mulheres em termos de conhecimentos era fraco. Uma vez que os inquiridos com um elevado nível de conhecimentos também constituíam um problema contra a participação ativa na agricultura, na pecuária e noutras operações domésticas. Além disso, as mulheres afirmaram que apenas uma pequena percentagem dos inquiridos tinha tido contacto com a agência de extensão.

Gupta e Sengupta (1988) referiram que as mulheres agricultoras, em particular, tinham um baixo nível de conhecimentos técnicos e de exposição à extensão.

Rehman *et al.* (1988) referiram que a maioria das mulheres possuía um baixo nível de conhecimentos (20%), enquanto que as mulheres com um nível de conhecimentos médio e nenhuma possuía um nível de conhecimentos elevado.

Singh (1990) referiu as razões da baixa produção de leguminosas na Índia devido aos seguintes condicionalismos: os cereais são cultivados em solos fertilizados e irrigados, ao passo que as leguminosas são cultivadas em solos marginais e, em condições de sequeiro, o cultivo em solos salinos/alcalinos também resulta num rendimento muito baixo e, em geral, os bons solos são preferidos para os cereais ou as culturas de rendimento, sendo os solos problemáticos deixados para as culturas de leguminosas. Nalgumas estações/anos, as culturas são afectadas pela seca e, por vezes, as inundações causam enormes prejuízos às culturas, enquanto a precipitação durante a floração resulta ocasionalmente em perdas preparáveis. Os agricultores cultivam variedades antigas e pouco produtivas de leguminosas, não dispõem de sementes de boa qualidade, atrasam a sementeira, a população de plantas é fraca, as doenças das plantas, as pragas de insectos e factores socioeconómicos como a falta de aplicação de fertilizantes, a falta de conhecimentos sobre a aplicação de micronutrientes, a ignorância sobre a utilização da cultura de rizóbios, a falta de tratamento das sementes contra as doenças, a falta de instalações de irrigação, a falta de controlo das ervas daninhas e a não adoção da tecnologia recomendada.

No seu estudo, Verma e Jain (1993) concluíram que as mulheres rurais adquiriram um nível suficiente de conhecimentos após terem recebido formação sobre diferentes práticas domésticas melhoradas.

Aski *et al.* (1993) descobriram que havia uma variação considerável no conhecimento e no nível de adoção dos produtores de cana treinados em comparação com os não treinados, o que foi considerado estatisticamente significativo, indicando o impacto da formação.

Bahgat e Singh (1995), observaram que os resultados do pré-teste foram comparados com os resultados do pós-teste e determinaram que a diferença levou a um aumento significativo na aprendizagem dos formandos. Setenta e cinco dos formandos situavam-se no nível elevado de conhecimentos e nove no nível baixo. A situação no caso do mesmo conjunto de inquiridos, antes da formação, revelou que 70% deles se encontravam num nível baixo e nenhum num nível elevado de conhecimentos. A diferença significativa nos conhecimentos do mesmo grupo de inquiridos em duas situações diferentes levou à conclusão de que a intervenção de formação teve certamente um efeito preponderante na aprendizagem e aquisição dos conhecimentos necessários pelos formandos. Conhecimentos/competências necessários para o êxito da atividade.

Sharma *et al.* (1997) efectuaram um estudo no distrito de Udaipur, no Rajastão. Verificaram que os agricultores que receberam formação tinham conhecimentos e adopções significativamente mais elevados no que respeita à tecnologia de produção de milho do que os agricultores sem formação. Além disso, a KVK tem um impacto positivo no aumento dos conhecimentos e na adoção de técnicas.

Intodia *et al.* (1997) inferiram que a diferença na pontuação de conhecimentos obtida antes e depois da exposição à formação era significativamente elevada, o que indica que os formandos adquiriram conhecimentos em resultado da sua exposição ao programa de formação.

Singh e Prasad (1998) referiram que se registou um aumento considerável dos conhecimentos dos agricultores após a formação. Verificou-se que este aumento era máximo nos itens semelhantes e mínimo nos itens difíceis.

Das e Sharma (1998) revelaram que o programa de formação tinha contribuído significativamente para melhorar os conhecimentos dos inquiridos sobre diferentes aspectos da apicultura científica. Também revelou as percepções dos jovens rurais relativamente à área importante dos atributos da formação em apicultura científica. Pode concluir-se que um programa de formação bem organizado sobre apicultura científica, com instalações de aprendizagem adequadas e participação ativa dos formandos, pode ajudá-los a adquirir os conhecimentos, competências e altitude necessários para empreender a apicultura como uma empresa rentável. Eles observaram que a pontuação média de conhecimento dos inquiridos aumentou duas vezes na categoria de baixo conhecimento após o programa de formação.

Talukdar (1998) observou que o padrão de distribuição revela que a principal qualidade do conhecimento sobre a tecnologia é deficiente, o que implica que necessitam de muita formação para melhorar o seu nível de conhecimento.

Sreedaya e Sushma (2000) concluíram que a maior parte dos produtores de produtos hortícolas tinha um elevado conhecimento sobre o cultivo de produtos hortícolas e que a maior parte deles precisava de formação na área da proteção das plantas. Também referiram que a maioria dos agricultores preferia uma formação de um dia na sua aldeia antes do início da época de colheita.

Chandrakala e Eswarapp (2001) revelaram que a maioria das trabalhadoras agrícolas tinha um nível elevado de conhecimentos e um nível médio de adoção. As caraterísticas sociais e pessoais, como a idade, a experiência, o contacto com a extensão, a proximidade com o ambiente, a criação de emprego e a geração de rendimentos das mulheres trabalhadoras agrícolas estavam significativamente associadas ao seu grau de conhecimento e à adoção de práticas melhoradas de gestão dos produtos lácteos. O estudo acima referido. Pode concluir-se que a importância da gestão dos lacticínios como empresa subsidiária desempenhará um papel vital na melhoria das condições de vida das mulheres trabalhadoras agrícolas.

Sager (2002) relatou que o programa de formação sobre a produção de cogumelos teve impacto no conhecimento e no nível de adoção dos agricultores, das mulheres agricultoras e dos jovens desempregados. Os agricultores submetidos a um programa de formação de uma semana registaram um aumento de 73,74% na média de conhecimentos sobre o cultivo de cogumelos. Houve uma redução de 37,68% no défice médio de conhecimentos. Os agricultores que receberam formação começaram a cultivar cogumelos numa percentagem de 21%.

Rampal *et al.* (2005) concluíram que a quase maioria dos formandos apresentava um nível de conhecimentos baixo a médio no que respeita à tecnologia de produção de trigo. Os domínios da tecnologia de produção de trigo em que os estagiários revelaram deficiências estavam relacionados com a produção de sementes, as pragas e doenças causadas por insectos, as deficiências do trigo e as "variedades de trigo". Mais de três quartos dos estagiários revelaram um nível médio a elevado de necessidades de formação em tecnologia de produção de trigo.

Shubhadeep *et al.* (2007) realizaram um estudo no distrito de Nadia, em Bengala Ocidental, com 80 produtores de gladíolos, para medir o nível de conhecimentos e o grau de adoção das práticas recomendadas para a produção de gladíolos entre os agricultores, tendo-se verificado que a maioria dos inquiridos se situava na categoria de nível médio de conhecimentos e de adoção. O nível de conhecimentos e o grau de adoção revelaram uma correlação significativa com o contacto com os serviços de extensão e a exposição aos meios de comunicação social, pelo que o estudo mostra claramente que os serviços de extensão têm de ser mais activos para aumentar o nível de conhecimentos e o grau de adoção dos produtores de flores.

O estudo de   Dubey *et al.* (2008) revelou uma diferença considerável entre os formandos no campus e fora do campus no que diz respeito ao seu estatuto socioeconómico. Verificou-se igualmente que a maioria (74,67%) dos formandos inquiridos no campus tinha um nível de conhecimentos elevado, seguido de um nível de conhecimentos médio (24%) e de um nível de conhecimentos baixo (1,33%), ao passo que, no caso dos formandos no campus, 75,34% dos inquiridos tinham um nível de conhecimentos médio, 15,33% tinham um nível de conhecimentos elevado, seguidos de 9,33% que tinham um nível de conhecimentos baixo sobre o programa de formação KVK. Isto indica que existe uma diferença significativa entre os formandos no campus e fora do campus no que diz respeito aos seus conhecimentos sobre o programa de formação KVK.

Shakya *et al.* (2008) revelaram que os produtores de grão-de-bico tinham poucos conhecimentos sobre o tratamento do solo, variedades de alto rendimento e biofertilizante, enquanto a maioria deles tinha conhecimentos sobre a fase crítica da irrigação. A maioria dos inquiridos tinha conhecimentos sobre a dose recomendada de estrume e fertilizante, biofertilizante, taxa de sementes, variedades melhoradas, espaçamento e método de sementeira. A comunicação socioeconómica e os factores psicológicos tiveram uma relação positiva significativa com o nível de conhecimentos dos produtores de grão-de-bico, exceto a idade, a posse de terras e a mecanização agrícola. A cosmopolitismo, a atitude em relação à tecnologia de produção do grão-de-bico, a orientação científica, a participação na extensão, a motivação económica, a exposição aos meios de comunicação social e a utilização de fontes de informação foram os factores importantes que tiveram um efeito direto e indireto no conhecimento dos produtores de grão-de-bico.

Kumar e Ramotra (2011) observaram que 41% dos produtores de batata possuíam um nível médio de conhecimento geral sobre o cultivo científico da batata, enquanto 33,60 e 25,60% dos inquiridos tinham um nível de conhecimento elevado e baixo, respetivamente. No entanto, o índice de conhecimento médio mais elevado (MK1) foi observado em relação às práticas agronómicas (72,80) e ficou em primeiro lugar, seguido da aplicação de estrume e fertilizantes (61,20) e da gestão de doenças (29,60), que ficou em segundo e terceiro lugar, respetivamente. A gestão das pragas de insectos (29,20) e as variedades melhoradas (9,33) obtiveram a quarta e a quinta posição, respetivamente.

Ansari *et al.* (2011) relataram que a formação teve um impacto positivo em termos de ganho de conhecimento, uma vez que a pontuação média de conhecimento dos agricultores após a formação foi significativamente maior em comparação com a pontuação média de conhecimento que possuíam antes do início do programa de formação. A formação também registou um aumento médio de 24,28% nos conhecimentos relacionados com a tecnologia melhorada de produção de arroz. No entanto, em média, verificou-se uma perda de cerca de 12% nos conhecimentos após 15 dias de formação. Mesmo assim, os conhecimentos retidos pelos formandos após um intervalo de 15 dias de formação foram significativamente mais elevados do que os conhecimentos que possuíam antes do início da formação. Das dez variáveis independentes utilizadas no estudo, verificou-se que oito variáveis estavam altamente correlacionadas com o ganho e a retenção de conhecimentos. Mas a análise de regressão múltipla indicou que a variável habilitações literárias era o principal preditor potencial do ganho de conhecimentos. As variáveis educação e desempenho em termos de risco tiveram uma influência independente e direta na retenção de conhecimentos.

Jat e Yadav (2012) observaram que a maioria dos inquiridos, 64,62% dos grandes avicultores registados, tinha um nível de conhecimento médio, enquanto 18,46 e 16,92% dos inquiridos tinham um conhecimento elevado e baixo, ao passo que, no caso dos grandes avicultores não registados, 72,39, 9,09 e 18,18% dos inquiridos tinham um nível de conhecimento médio, elevado e baixo, respetivamente, sobre as práticas recomendadas de criação de aves de capoeira. Também se verificou que 53,06% dos avicultores médios registados tinham um nível de conhecimento médio, sendo que 20,41 e 26,53% dos inquiridos tinham um conhecimento alto e baixo, respetivamente, mas no caso dos avicultores médios não registados 56,67, 16,66 e 26,67% dos inquiridos tinham um conhecimento médio, alto e baixo, respetivamente, sobre as práticas recomendadas para a avicultura.

Choudhary e Sharma (2012) realizaram um estudo com o objetivo de estudar o nível de conhecimentos dos produtores de malagueta sobre a intervenção na cultura da malagueta introduzida no âmbito do IVLP. Foi selecionado um total de 52 produtores de malagueta através da técnica de amostragem aleatória. Os resultados revelaram que a maioria dos inquiridos possuía um nível médio de conhecimentos sobre as intervenções na cultura do piripiri no âmbito do IVLP, ao passo que os produtores de piripiri beneficiados possuíam conhecimentos mais elevados do que os produtores de piripiri não beneficiados. Foi evidente a existência de uma diferença significativa entre os níveis de conhecimento de ambas as categorias de produtores de malagueta no âmbito do IVLP.

Choudhary e Yadav (2012) descobriram que os agricultores beneficiários (feijão-mungo) tinham bons conhecimentos sobre variedades de alto rendimento (83,44%), medidas de proteção das plantas (76,22%), gestão de estrume orgânico e fertilizantes (70,30%), sementeira de sementes e espaçamento (67.33%), preparação do solo e do campo (64,12%), tratamento de sementes (60,89%), ter (55,93%), gestão de ervas daninhas (40,66%), armazenamento (35,11%) práticas em que os agricultores não beneficiários foram relatados menos conhecimento, ou seja, 67,00, 58,66, 51,27, 49,16, 44,26, 39,75, 28,85 e 25.18 por cento no que diz respeito a variedades de alto rendimento, medidas de proteção das plantas, gestão de estrume orgânico e fertilizantes, sementeira de sementes e espaçamento, colheita do solo e preparação do campo, tratamento de sementes, gestão de ervas daninhas e práticas de armazenamento, foi sugerido que a participação dos agricultores em actividades de extensão como formação, demonstração, exposição, programas de questionários agrícolas e feira de agricultores, etc., pode ser aumentada para que possam aprender coisas novas relacionadas com a tecnologia de produção melhorada de feijão-mungo.

Necessidades de formação dos produtores de batata no que respeita às diferentes componentes de uma cultura de batata melhorada

Gupta (1982) revelou que o conhecimento dos agricultores sobre práticas agronómicas, práticas de maneio e armazenamento era médio. No que se refere às práticas fitossanitárias, os conhecimentos eram muito baixos. Isto significa que o grau de formação necessário para a proteção das plantas era muito superior ao de outras práticas.

Singh e Gill (1982), no seu estudo sobre as necessidades de formação dos agricultores, revelaram que, no programa de formação K.V.K., deve ser dada mais ênfase aos temas que não podem ser aprendidos nas condições da aldeia.

Narshimha e Rao (1983) referiram que existia uma diferença significativa entre duas categorias no que respeita à formação e aos conhecimentos relativos ao cultivo de trigo de regadio e à gestão do solo e da água.

Shrestha e Patel (1984) descobriram, no seu estudo sobre as necessidades de formação dos pequenos agricultores nepaleses que cultivam arroz, que as medidas de proteção das plantas, a gestão das culturas, os estrumes e os fertilizantes, o armazenamento, a gestão da água, a transplantação e a sementeira de sementes eram consideradas como tendo grande necessidade de formação.

Kumar (1985) referiu que as necessidades de formação dos agricultores em torno de K.V.K. Sikhodeora, Bihar, revelaram que os agricultores marginais necessitavam de menos formação do que as outras categorias de agricultores. A recolha global das necessidades de formação, de acordo com a magnitude das pontuações, incluía tratamentos de sementes, controlo de ervas daninhas, proteção das plantas, época de colheita, utilização de fertilizantes, tratamentos de grãos, criação de viveiros, irrigação, relação clima-cultura, transplantação, utilização de alfaias e créditos.

Sarsawati (1986) observou que as necessidades de formação dos agricultores revelaram que os agricultores consideravam que a formação era mais necessária no domínio do controlo das ervas daninhas, das medidas de proteção das plantas e do tratamento das sementes.

Rungta (1986) referiu que as necessidades de formação dos agricultores formados e não formados em relação à área principal e às subáreas de variedades de arroz de alto rendimento indicavam que os agricultores formados não consideravam a formação em qualquer área principal como "Mais necessária", enquanto os agricultores não formados consideravam a formação em medidas fitossanitárias como "Mais necessária", a formação na área principal, nomeadamente, medidas fitossanitárias e fertilizantes, foi considerada necessária pelos agricultores formandos, ao passo que a formação em crédito, custos de cultivo, melhoria nas áreas principais, nomeadamente sementes e crédito, foi considerada "algo necessária" pelos agricultores formados e nas restantes áreas principais, nomeadamente, melhoria das alfaias, armazenamento, criação de viveiros, custos de cultivo, comercialização, transplantação e irrigação, a formação foi considerada desnecessária pelos agricultores formados. Por outro lado, os agricultores sem formação consideraram que a formação em fertilizantes e sementes era "necessária", ao passo que as alfaias, o armazenamento, a criação de viveiros e a comercialização foram considerados "algo" necessários pelos agricultores sem formação. As outras duas áreas principais, nomeadamente a transplantação e a irrigação, foram consideradas "muito necessárias" pelos agricultores sem formação.

Ele relatou ainda que nas subáreas em que os agricultores não treinados precisavam de mais formação do que os agricultores treinados estavam a manutenção da pureza do HYV de arroz, técnicas de tratamento de sementes, HYV de arroz recomendado para as áreas, medidas de proteção das plantas, doses de fertilizantes, métodos de aplicação de fertilizantes, dose recomendada de fertilizantes nitrogenados, fosfatados e potássicos, cobertura de fertilizantes, quatro pulverizações de ureia, doses de pesticidas para diferentes pragas, identificação das principais pragas, medidas de controlo das principais pragas e doenças, etc.

Singh (1987) referiu que as necessidades de formação dos agricultores em relação ao milho HYV em aldeias adoptadas de KVK indicavam que os agricultores consideravam a formação como "mais necessária" na área da gestão de ervas daninhas e medidas de proteção das plantas, enquanto a formação em armazenamento, HYV, tratamento de sementes, gestão de fertilizantes e método de irrigação era considerada "necessária".

Singh (1992) revelou que as necessidades de formação dos agricultores em relação à produção de moong de verão indicavam que as três categorias de agricultores consideravam a formação em HYV e no tratamento fungicida de sementes como a mais necessária, enquanto os pequenos agricultores e os agricultores marginais consideravam a formação no domínio das medidas fitossanitárias como a "mais necessária" no caso dos pequenos agricultores.

Ziaul e Mahboob (1992) referiram que as necessidades de formação dos funcionários que trabalhavam no departamento de extensão agrícola do Bangladesh eram elevadas para 87% dos funcionários, enquanto apenas 10% tinham um nível mínimo e 3% tinham um nível baixo de necessidades de formação.

Kumari Sushama e Bhaskaran (1995) observaram que a avaliação das necessidades de formação no domínio da agricultura indicava que a maioria dos agricultores considerava que era necessário um nível médio a elevado de formação no domínio do controlo das ervas daninhas e da proteção das plantas na cultura do arroz.

Raul *et al.* (1997) revelaram que as necessidades de formação dos agricultores eram, por ordem de prioridade, a proteção das culturas, as variedades melhoradas, os adubos orgânicos, a plantação, a transformação, a irrigação, a colheita, a preparação do terreno, a gestão do viveiro, a aplicação de fertilizantes e, finalmente, o armazenamento.

Mehta e Malaviya (1997) observaram que as necessidades de formação agrícola das mulheres agricultoras de Haryana indicavam que o controlo de insectos/doenças no armazenamento de cereais era a necessidade mais preterida pelos inquiridos nos distritos de Bhawani e Hisar.

Beharamkar *et al.* (1997) referiram que as necessidades de formação dos mestres formadores observaram que, no sistema de T & V, estes necessitavam de formação de reciclagem em domínios como as tecnologias avançadas de produção de culturas, a gestão integrada de pragas e a utilização de equipamentos fitossanitários.

Meena e Fulzale (1997) concluíram que a maioria das mulheres tribais que praticam a atividade leiteira sente necessidade de formação em diferentes áreas da produção leiteira. É, por isso, essencial incluir estes tópicos na programação da formação a organizar para as mulheres tribais produtoras de leite, a fim de aumentar os conhecimentos, as competências e a adoção de melhores práticas de formação em matéria de lacticínios.

Sharma *et al.* (1998) revelaram que os produtores de mostarda necessitavam de mais formação nas áreas dos adubos e fertilizantes, controlo de pragas e doenças, variedades melhoradas e rotação de culturas com culturas intercalares.

Sinha (1998) relatou que as necessidades de formação sentidas pelas mulheres agricultoras em culturas principais de arroz selecionadas no ecossistema de terras baixas do nordeste de Bihar observaram que a formação em variedades de arroz de alto rendimento foi considerada prioritária por todas as categorias de mulheres agricultoras (exceto as categorias médias) na área de formação principal. Todas as categorias de mulheres agricultoras mostraram prioridade semelhante na gestão de ervas daninhas (prioridade 2nd) e colheita/armazenamento (prioridade 3rd). Na sub-área de necessidade de formação, as variedades recomendadas, a taxa e o tempo de aplicação de fertilizantes, o controlo químico de ervas daninhas, a identificação de pragas tiveram a prioridade máxima de todas as categorias de mulheres agricultoras, enquanto que no caso da juta, as variedades de alto rendimento tiveram a prioridade máxima de todas as categorias de mulheres agricultoras, o tratamento de sementes teve a prioridade 2nd das categorias pequenas e médias de mulheres agricultoras, seguido da gestão de ervas daninhas das mulheres agricultoras marginais na área de formação principal. A extração da fibra de juta foi considerada 2nd prioritária pelas mulheres agrícolas marginais e pequenas, seguida da classificação da fibra pelas mulheres agrícolas médias. Na sub-área de formação sobre a juta, as pequenas e médias agricultoras deram prioridade à identificação de cordões retorcidos, às técnicas de obtenção de fibra de qualidade e à classificação da fibra.

Anandan e Vasantha Kumar (1999), ao analisarem as necessidades de formação dos produtores de amendoim, observaram que os inquiridos precisavam de formação nas principais áreas temáticas de gestão de fertilizantes, proteção de plantas, método de sementeira e gestão de ervas daninhas. Os produtores de amendoim de regadio também expressaram que não precisavam de formação em sistemas de cultivo.

Paniekar e Choudhary (2000) concluíram, com base no estudo, que as mulheres rurais necessitam de formação, sobretudo no que respeita ao tratamento de sementes e à utilização de sementes melhoradas.

Sreedaya e Sushma (2000) concluíram que a maioria dos produtores de produtos hortícolas tinha um elevado conhecimento sobre o cultivo de produtos hortícolas e que a maior parte deles precisava de formação na área da proteção das plantas. Também referiram que a maioria dos agricultores preferia uma formação de um dia na sua aldeia antes do início da época de cultivo.

Parvathy e Kumari (2000) referem que as zonas rurais preferem o cultivo de pomares, o artesanato e a transformação de produtos típicos como as principais áreas em que necessitam de formação. Para que um programa de formação seja bem sucedido, é necessário reconhecer as necessidades de formação dos clientes no que respeita à aplicabilidade das práticas.

Choudhary (2000) concluiu que os produtores de batata necessitam de formação em culturas como a escavação da batata, doses e tempo de fertilização, tecnologia de produção de sementes, método de sementeira e aplicação de fertilizantes, taxa de sementeira, controlo de doenças e pragas, culturas intercalares e cultivo de batata por ordem de mérito. Se o programa de formação tiver sido organizado para três dias durante os meses de maio, junho e agosto, juntamente com a demonstração de métodos, recursos audiovisuais e estudo para um ato KVK ou Universidade de Argicultura da sua localidade.

Singh e Arneja (2005) realizaram um inquérito sobre as necessidades de formação dos produtores de batata no distrito de Jalander, no Punjab. O estudo mostrou que a maioria dos agricultores necessitava de um nível médio a elevado de formação em áreas como a gestão do solo, a taxa de sementes, a sementeira e a aplicação de fertilizantes, a irrigação de drenagem, o controlo de ervas daninhas, a gestão de pragas, a colheita e a comercialização do armazenamento.

Bajpai *et al.* (2007) estudaram as necessidades de formação dos produtores de arroz em Uttrakhand e observaram que as principais áreas de necessidades de formação dos produtores de arroz eram medidas de proteção das plantas, tratamento de sementes, gestão de fertilizantes e variedades melhoradas de sementes.

Rajput *et al.* (2007) efectuaram um estudo sobre as necessidades de formação dos agricultores no domínio da tecnologia do algodão BT. O estudo revelou que a maioria dos agricultores de algodão BT tem necessidades de formação elevadas (57,50%). Os agricultores exprimiram as suas necessidades de formação sobre as caraterísticas da tecnologia do algodão BT, seguidas da prospeção de insectos, adubos e fertilizantes, colheita de variedades de algodão BT e comercialização do algodão BT. A análise racional revelou que a idade, as habilitações literárias, a propriedade fundiária, a área cultivada com algodão BT, o rendimento anual, a experiência agrícola, o estatuto socioeconómico, a participação social e a orientação científica estavam correlacionados de forma positiva e significativa com as necessidades de formação.

Rai e Singh (2008) concluíram que a maioria dos agricultores pertencia a um estatuto socioeconómico baixo e tinha um nível parcial de sensibilização e uma atitude mais favorável em relação ao programa de desenvolvimento de bacias hidrográficas. As áreas de formação mais procuradas foram o planeamento das culturas, a técnica de conservação da água e a irrigação e gestão da água, tendo sido encontrada uma associação significativa entre o estatuto socioeconómico e as necessidades de formação.

Chaudhary *et al.* (2008) revelaram que a maioria dos agricultores ricos e pobres em recursos não efectuava tratamento de sementes de arroz. No entanto, para quase todas as práticas, um número significativo de agricultores apresentava uma lacuna tecnológica parcial. As lacunas eram menores no que se refere às práticas de gestão de viveiros, como a preparação da cama de sementes, a gestão de ervas daninhas e a seleção de variedades. No que diz respeito às práticas de produção de arroz no campo principal, os agricultores ricos e pobres em recursos não preencheram as lacunas e, em quase todas as práticas, um número significativo de agricultores reflectiu lacunas tecnológicas parciais. As práticas como a distância de transplante, a colheita e a debulha, a utilização de plântulas com a idade recomendada, reflectiram lacunas reduzidas no caso da maioria dos agricultores. No caso do trigo, os agricultores não seguiram medidas de proteção das plantas, enquanto mais de 80% dos agricultores não aplicaram tratamento de sementes de trigo. No entanto, em relação a quase todas as práticas, um número significativo de ambas as categorias de agricultores revelou lacunas tecnológicas parciais no trigo. As práticas relativas ao trigo, como a taxa de sementeira, a colheita e a debulha e a seleção de variedades, foram as que revelaram menos lacunas em ambas as categorias de agricultores.

Chawang e Jha (2010) realizaram um estudo sobre as necessidades de formação no domínio da cultura do arroz em Nagaland e referiram que a maioria dos agricultores tinha um nível médio de necessidades de formação. As medidas fitossanitárias e as operações interculturais foram as principais necessidades de formação dos agricultores e as menores necessidades de formação foram identificadas no domínio da criação de viveiros. As variáveis idade e experiência de cultivo tiveram uma relação negativa e significativa com as necessidades de formação. O presente estudo sugere que os jovens agricultores com menos experiência na formação necessária relacionada com o pacote melhorado de práticas de cultivo de arroz podem ter preferência pela formação nas áreas prioritárias de formação identificadas.

Singh *et al.* (2011) estudaram as necessidades de formação dos apicultores em Haryana e concluíram que a maioria dos inquiridos pertencia a um grupo etário médio a jovem, com um nível médio a elevado de educação familiar, estatuto socioeconómico, capacidade de inovação e capacidade de suportar riscos, mostrando que a maioria dos inquiridos tinha um nível baixo a médio de contacto com a extensão e uma exploração baixa, respetivamente. No que diz respeito às necessidades de formação dos apicultores em diferentes áreas, verificou-se que a maior parte dos inquiridos tinha necessidade de formação em matéria de proteção contra as pragas das abelhas e outros riscos, seguindo-se o negócio das abelhas, os produtos da apicultura e a sua extração, transformação e valores médios e operações essenciais.

Perceção dos agricultores sobre as várias subcomponentes do programa de formação

Ramamurthy e Rao (1980) referiram que o método das aulas teóricas, o método da discussão e a visita a parcelas de experiências eram os mais preferidos pelos formandos. A preferência geral recaiu sobre as aulas teóricas, a discussão, seguida da visita a parcelas de experiências, a projeção de diapositivos e a demonstração.

Singh e Kulhan (1981) observaram que apenas o método expositivo e o método expositivo com discussão eram mais frequentemente utilizados na formação. A visita ao campo do agricultor e a demonstração foram os métodos menos utilizados na formação. Naik (1981) referiu que a demonstração, a visita ao terreno e a troca de ideias com SMS e cientistas eram os métodos de formação mais preferidos pelos OEA.

Kumar (1985) relatou que a maioria dos agricultores preferia organizar a formação duas vezes por ano. A maior parte dos agricultores preferia uma formação de um dia. A maioria dos agricultores preferia março para a formação, enquanto um pouco mais de um terço preferia junho.

Saraswti (1986) revelou no seu estudo que um programa de formação de curta duração sobre tecnologia científica de produção de trigo, organizado antes da sementeira a nível das aldeias, era suscetível de ser muito popular entre os agricultores que cultivam trigo. A dimensão ideal do grupo de formação a nível da aldeia deveria ser de 20-25 agricultores. Os agricultores preferem as visitas de estudo e as demonstrações como métodos de formação sobre a tecnologia científica de produção de trigo.

Mangat e Hansra (1988) referiram que, para adquirir conhecimentos sobre factos específicos como datas, acontecimentos, pessoas, lugares, magnitude dos fenómenos e outras informações aproximadas ou relativas, a demonstração e discussão foi a combinação de métodos mais eficaz, seguida de filme e discussão, cassete de diapositivos e discussão e palestra e discussão.

Thakur (1990) revelou que os inquiridos retiveram um nível de conhecimentos significativamente mais elevado em resultado da formação por diferentes métodos de formação. A retenção foi mais elevada no caso dos inquiridos formados através da combinação de três métodos de formação, ou seja, palestra, discussão em grupo e demonstração de métodos. Entre a combinação de dois métodos de formação, a discussão em grupo + demonstração do método resultou numa retenção máxima, seguida da palestra + demonstração do método e da palestra + discussão em grupo. Entre os métodos de formação individuais, o método de demonstração resultou na retenção máxima de conhecimentos e a retenção de conhecimentos do grupo formado pelo método de palestra foi a menor.

Choudhary (1990) concluiu no seu estudo que, para além dos métodos expositivo e expositivo + perguntas e respostas, devem ser utilizados métodos de demonstração, práticas de campo e recursos audiovisuais adequados para tornar os métodos de formação mais prováveis e aumentar a eficácia da época de formação.

Singh (1992) relatou em seu estudo que a organização de um programa de treinamento a nível de bloco por três dias durante a estação de colheita foi a mais preferida por todos os grupos de agricultores. Um grupo de treinamento de 25 agricultores foi preferido por todos os agricultores.

Haque (1992) referiu que o programa de formação em tecnologia de produção de arroz deve ser organizado um mês antes da sementeira.

Aski *et al.* (1997) referiram que a agência de extensão precisa de organizar formação regular tanto nos centros de formação dos agricultores como no campo do agricultor. A formação pode centrar-se em práticas complexas e os lotes de agricultores homogéneos podem ser organizados para um maior impacto.

Sinha (1998) relatou que a organização de treinamento na aldeia durante a estação de inatividade com o método de demonstração por ½ dia de duração não era como os trabalhadores de juta na região nordeste de Bihar. Ele também disse que as mulheres de média propriedade tinham manifestado o seu desejo de organizar formação na aldeia antes do início da época de colheitas, com uma duração de três dias.

Choudhary (1999), ao analisar a opinião dos agricultores relativamente à duração da formação, referiu que os agricultores marginais preferiam organizar formação durante a época baixa, com a duração de dois dias e uma frequência mensal. Por outro lado, os pequenos e médios agricultores manifestaram o seu desejo de organizar acções de formação durante a época das colheitas, com a duração de três dias e uma frequência de uma vez por mês.

Sreedaya e Sushma (2000), ao analisarem a opinião dos agricultores sobre a duração, o local e a hora da formação, referiram que a maioria dos agricultores preferia uma formação de um dia na sua aldeia, antes do início da época de colheitas.

Sharma e Kalla (2006), no seu estudo sobre a opinião dos formandos e dos formadores acerca do programa de formação em serviço, concluíram que havia uma grande coerência nas classificações das opiniões dos formandos e dos formadores. Os inquiridos indicaram a necessidade de prestar mais atenção às matérias orientadas para as necessidades, às instalações físicas, à informação atempada sobre o programa de formação, às instalações de alojamento e de embarque e, em breve, às instalações de alojamento.

Renu (2008) evidenciou que a participação das mulheres agricultoras em diferentes operações de produção de batata era média. O estudo confirmou a elevada necessidade de formação em algumas áreas da produção de batata por parte das mulheres agricultoras. Assim, é necessário organizar programas de formação para estimular uma maior participação das mulheres agricultoras na produção de batata, de modo a que as mulheres se tornem economicamente mais independentes. Para além disso, melhorará o estado nutricional da família. Com base nestas necessidades de formação, as organizações governamentais e não governamentais podem organizar programas de educação e formação.

Balasubramani *et al.* (2008) evidenciaram que a maioria dos inquiridos (60,83%) tinha um elevado nível de perceção das modernas tecnologias da informação e da comunicação, seguido de 21,67% com um nível médio e os restantes 17,50% com um nível baixo de participação nas modernas tecnologias da informação e da comunicação. O estudo permite concluir que um pouco menos de três quartos dos inquiridos declararam estar mais satisfeitos com o percurso de diagnóstico sequencial e lógico do RUBEXS-04. A maioria (81,67%) dos inquiridos ficou muito satisfeita com o facto de as fotografias os terem ajudado a confirmar a incidência de doenças e pragas. A maior parte dos inquiridos preferiu o sistema pericial para outras tecnologias da borracha, como a preservação e transformação do látex, a estimulação da colheita e da produção e a gestão do solo, para além do RUBEXS-04.

Os resultados de Helen e Kaleel (2010) mostraram que as dimensões menos bem classificadas, como a recuperabilidade, a pertinência da informação, o conteúdo da informação, o tratamento da informação e o modo de apresentação, necessitavam de ser alteradas através da participação dos potenciais utilizadores durante o processo de desenvolvimento do sistema pericial agrícola. Ao mesmo tempo, o conteúdo e a pertinência das informações fornecidas no "Diagnos-4" devem ser melhorados, fornecendo mais informações sobre medidas preventivas, medidas de controlo biológico e práticas culturais, considerando os métodos de controlo químico como a última opção. Foi observada uma concordância altamente significativa entre a perceção dos investigadores em TOT, do pessoal de extensão e dos agricultores sobre o desempenho do sistema de exportação agrícola. As perspectivas e o melhor desempenho do sistema de exportação agrícola foram percebidos mais na categoria inferior dos intervenientes na divulgação de informações agrícolas.

METODOLOGIA DE INVESTIGAÇÃO

O principal objetivo deste estudo é identificar as necessidades de formação dos agricultores em relação à tecnologia da cultura da batata. Este capítulo trata da técnica e dos métodos de investigação utilizados no presente estudo, sob os seguintes títulos

1. Local de investigação

2. Amostra e processo de amostragem.

3. Seleção de variáveis e sua medição.

4. Instrumentos e técnicas de recolha de dados

5. Análise estatística dos dados.

1)   O local da investigação

O distrito de Nalanda, no estado de Bihar, foi identificado como local do presente projeto de investigação, dada a sua importância em termos de área e produção total da cultura da batata. Existem vinte blocos no distrito de Nalanda. Dos 20 blocos, foram selecionados dois blocos com base na área de batata. O bloco Biharsharif, com a área mais elevada, e o bloco Katrisarai, com a área mais baixa, foram selecionados como local de estudo.

Os distritos de Nalanda têm um clima semi-árido e subtropical com um verão quente e seco, precipitação moderada e inverno frio. A precipitação média anual é de 1150 mm. A distribuição da precipitação é de 1102,1 mm das chuvas de monção recebidas durante os meses de julho e outubro. O período entre as últimas semanas de dezembro e a primeira quinzena de janeiro é marcado por aguaceiros ocasionais de inverno. A temperatura máxima média durante os meses mais quentes, de maio a junho, atinge $37,1^{\circ}$ C e a temperatura mínima média para o mesmo período é de $26,29^{\circ}$ C. janeiro é o mês mais frio do ano, com uma temperatura máxima média de $23,067^{\circ}$ C e uma mínima média de $7,8^{\circ}$ C. A temperatura começa a subir a partir de fevereiro.

Solos

Os solos do distrito de Nalanda desenvolveram-se, em geral, nos sedimentos trazidos pelos rios Mahane e Falgu. Os solos sob a influência do Mahane e do Falgu são antigos aluviões a franco-arenosos e o P^{H} dos solos é de 7,7 a 8,0 e os solos são geralmente adequados para o cultivo de culturas. As principais culturas praticadas nestes distritos são o trigo, o arroz, as sementes oleaginosas, a batata, a cebola, a malagueta e outras culturas hortícolas.

2) Amostra e processos de amostragem

(a) Seleção de blocos

O estudo foi realizado na área do distrito de Nalanda, em Bihar, onde a batata é considerada uma cultura importante durante a estação Rabi. Uma vez que a investigação foi planeada para estudar as necessidades de formação dos agricultores em relação ao cultivo de batata de alto rendimento, os dois blocos foram selecionados com base na área de batata. O bloco Biharsharif, com a área mais elevada, e o bloco Katrisarai, com a área mais baixa, foram selecionados como local de estudo. Duas aldeias de cada bloco com área máxima de cultivo de batata foram selecionadas como aldeias de amostra para este estudo.

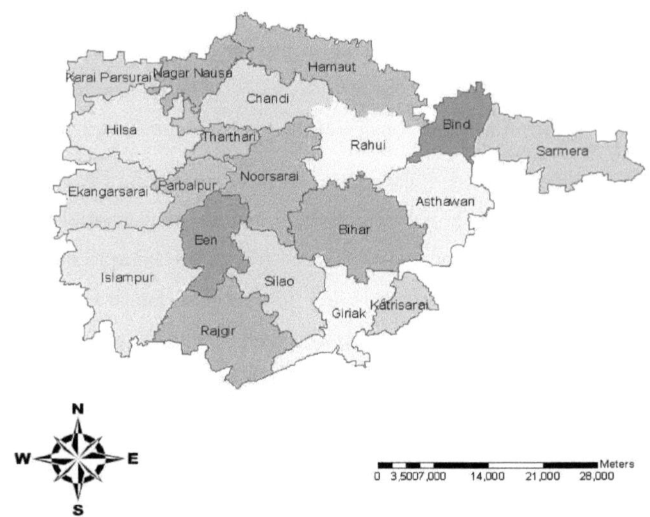

(b)   Seleção dos inquiridos

Foi preparada uma lista de todos os produtores de batata com um mínimo de um acre de área cultivada com batata. Foram escolhidos 15 produtores de batata de cada uma das aldeias selecionadas. Assim, um número total de 60 produtores de batata constituiu a amostra do presente estudo.

O número de produtores de batata em cada aldeia e a amostra retirada de cada categoria são apresentados no Quadro-1.

Quadro 1: Número de agricultores produtores de batata e de inquiridos por aldeia.

Sl. Nã o	Aldeia	Bloco	Número total de agricultores que cultivam batata	Número de inquiridos selecionados
(a)	Aashanagar	Biharsharif	39	15
(b)	Sohdih		57	15
(a)	DarweshPura	Katrisarai	31	15
(b)	Chhajjubiga		24	15
	Total		151	60

3. seleção de variáveis e sua medição:

Com base na análise de conteúdo dos estudos anteriores nas áreas em questão e na discussão com o cientista que trabalha no departamento de ensino de extensão da Rajendra Agricultural University, Bihar, e com os membros do comité consultivo, foram selecionadas as variáveis que se supunha terem alguma relevância para os objectivos do estudo. Além disso, as variáveis assim selecionadas foram apresentadas num seminário realizado especialmente para o efeito. Após uma discussão pormenorizada no seminário, a seleção das variáveis foi finalizada. A lista das variáveis selecionadas, juntamente com os respectivos procedimentos de medição, foi tratada no ponto apropriado desta seleção do estudo.

As variáveis independentes mencionadas foram finalmente selecionadas para uma investigação pormenorizada no presente estudo.

(a) Variáveis independentes

S.N.	Variáveis	Medição
(1)	Idade	Idade cronológica
(2)	Educação	Escala SES de Trivedi (1963)

(3)	Exploração de terras	Terrenos efetivamente detidos pelos inquiridos
(4)	Rendimento anual	Rendimento efetivo
(5)	Área cultivada com batata	Área real
(6)	Intensidade da cultura -	$\dfrac{\text{Superfície total cultivada num ano}}{\text{Superfície líquida semeada}} \times 100$
(7)	Motivação económica	Moulik (1965)
(8)	Contacto da agência de extensão	A medida foi desenvolvida
(9)	Conhecimento	A medida foi desenvolvida
(B)	**Variável dependente** Necessidades de formação :	Foram desenvolvidos aparelhos de medição

Os pormenores das definições operacionais de cada variável e o respetivo procedimento de medição são discutidos a seguir:

Idade

Refere-se ao número de anos completos declarados pelos inquiridos no momento da entrevista. Foi registada a idade, tal como declarada pelos inquiridos em anos completos. Esta informação foi diretamente introduzida no computador para efeitos de análise.

Para efeitos de descrição dos inquiridos com base nesta variável, os inquiridos foram divididos em três classes, ou seja, jovens, de meia-idade e idosos. A descrição dos inquiridos com base nas três categorias é apresentada a seguir:

Classe   **Idade (em ano)**

Jovens   -até 35 anos

Médio   -36-55 anos

Idoso - 56 anos ou mais

Educação

Indica a educação formal dos inquiridos, desde a escola até à universidade. A pontuação das habilitações literárias foi feita de acordo com a "Escala do Estatuto Socioeconómico" de Trivedi (1963), da seguinte forma

Nível de educação	Pontuações
Analfabeto	0
Só pode ser vermelho	1
Só pode escrever e escrever a vermelho	2
Ensino primário	3
Ensino médio	4
Ensino secundário	5
Licenciado e superior	6

Os vários níveis de ensino foram finalmente divididos em quatro classes, que são as seguintes

Classes	Nível de educação
Analfabeto	Não consigo ler
Alfabetizado	Sabe ler e escrever + escolaridade formal até ao ensino primário
Educação	Ensino básico e secundário
Altamente qualificado	Acima do ensino secundário

Exploração de terras

Refere-se à dimensão da exploração operacional do inquirido em hectares. Foi medido pedindo ao inquirido que indicasse o número total real de hectares que possuía no momento da entrevista, com base na superfície, os inquiridos foram classificados em

Categoria de agricultor	Dimensão da exploração (em ha)
Marginal	Até 1 ha
Pequeno	1,1 a 2 ha
Médio	2,1 a 4 ha
Grande	Mais de 4 ha

Rendimento anual

O rendimento anual é operacionalizado como o rendimento total do ano anterior proveniente de fontes agrícolas e não agrícolas, expresso em rupias. Os inquiridos foram classificados em cinco categorias com base nos seus rendimentos.

Categorias	Rendimento (em Rs.) por ano
Muito baixo	Até Rs. 25000
Baixa	Rs. 25.000 a 50.000/-
Médio	Rs. 50.000 a 75.000/-
Elevado	Rs. 75.000 a 1.00.000/-
Muito elevado	Rs. 1,00,000/- e superior

Área cultivada com batata

Refere-se à extensão das terras cultivadas com batata pelos inquiridos. Os inquiridos selecionados foram classificados em três grupos com base na sua área de cultivo de batata.

Categorias	Área (hectare)
Baixa	Inferior a 0,5 hectare
Médio	0,5 ha a 1 ha
Elevado	acima de 1 ha

Intensidade da cultura

A intensidade de cultivo é a proporção da superfície total cultivada em relação à superfície líquida semeada, expressa em percentagem. Foi calculada dividindo a superfície total cultivada pela superfície líquida semeada e multiplicada por 100. A fórmula seguinte foi utilizada para calcular a intensidade de cultivo.

$$\text{Cropping intensity} = \frac{\text{Total cropped area in a year}}{\text{Net cultivated area}} \times 100$$

Motivação económica

A motivação económica foi conceptualizada como os valores ou atitudes que atribuem maior importância à maximização dos lucros como fins e meios. Neste estudo, a motivação económica dos agricultores foi medida com a ajuda da escala de autoavaliação da motivação económica desenvolvida por Moulik (1965). A escala consistia em três conjuntos de afirmações, cada conjunto com três afirmações curtas com pesos 3, 2 e 1, indicando um grau elevado, médio e baixo de motivação económica. O método de escolha forçada foi utilizado para ultrapassar os problemas familiares de parcialidade pessoal e falta de objetividade na autoavaliação. Este método obrigou o inquirido a escolher, de entre um grupo de três afirmações curtas que descreviam uma personalidade e caraterísticas específicas, a que descrevia mais corretamente o próprio inquirido. Depois de obter as escolhas "mais desfavoráveis" dos inquiridos para cada um dos três conjuntos de afirmações, a pontuação foi obtida através da soma dos rácios entre o peso da afirmação "mais semelhante" e o peso da afirmação "menos semelhante". Como havia três conjuntos de afirmações, para a escala de motivação económica, a soma dos rácios para os três conjuntos foi a pontuação de auto-enraizamento do inquirido para a motivação económica.

Categoria	Pontuação
Baixa	Até - 4,5
Médio	4,6 a 6,5
Elevado	6,6 a 9,0

Contacto da agência de extensão

Refere-se à frequência de contacto com diferentes agências de extensão como B.D.O., B.A.O., V.L.W, Gram Sevak, Cientistas/Especialistas Agrícolas, comerciantes de insumos, amigos e agricultores progressistas para recolher informações sobre a tecnologia de produção de batata. Cinco frequências foram identificadas e pontuadas da seguinte forma

(a)	Uma vez por semana	4
(b)	Uma vez por quinzena	3
(c)	Uma vez por mês	2
(d)	Raro	1
(e)	Nunca	0

Com base na pontuação acima referida, os agricultores foram divididos em três grupos, como se segue:

Baixa	Até 8
Médio	9-16
Elevado	17-24

Conhecimento

O significado de conhecimento, tal como consta do dicionário Webster, é a familiaridade com um facto, a consciência de um conjunto de informações, etc., acumuladas pela humanidade, tanto quanto se sabe, dentro do âmbito da sua informação. Bloom et.al. (1956) definiu o conhecimento como os comportamentos e as situações de teste que enfatizam a recordação, quer por reconhecimento quer por evocação de ideias, materiais ou fenómenos.

O conhecimento dos inquiridos no presente estudo refere-se a uma situação de teste e à sua resposta a um conjunto de perguntas através da recordação.

Determinação dos conhecimentos

Com vista a selecionar a questão para testar o conhecimento dos inquiridos, foi recolhida toda a literatura disponível sobre a tecnologia de produção de batata relevante para a área de estudo. Foi então desenvolvido um quadro geral. Foi realizada uma discussão sobre as práticas recomendadas para a tecnologia de produção de batata com os cientistas que trabalham especialmente com batata no campus de Dholi-Pusa.

Com base nisso, foi preparada uma lista de perguntas relativas ao pacote de práticas recomendadas para as culturas de batata. Decidiu-se colocar apenas as questões que não fossem nem demasiado difíceis nem demasiado fáceis para os inquiridos responderem.

Para tal, foram também efectuados pré-testes a 15 agricultores, para além dos inquiridos no estudo. As perguntas que foram feitas por todos e que não puderam ser respondidas por nenhum dos inquiridos foram excluídas do teste de conhecimentos. No entanto, as perguntas que tinham a sua importância no pacote recomendado de práticas de produção de batata não foram excluídas do teste de conhecimentos. Assim, com base no pré-teste, foram feitas alterações e eliminações adequadas de perguntas. Assim, todas as perguntas finalmente incluídas no teste foram consideradas como reflectindo o domínio cognitivo dos inquiridos em relação à tecnologia de produção de batata.

Para quantificar o nível de conhecimento dos inquiridos, foi atribuída uma pontuação de 1 a cada resposta correta e zero a cada resposta incorrecta ou não resposta. O número total de itens do teste de conhecimentos era de 48. Assim, um inquirido podia obter uma pontuação máxima de 48 e uma pontuação mínima de zero.

As pontuações de conhecimentos obtidas pelos inquiridos foram convertidas em percentagem. Com base na percentagem, os inquiridos foram classificados em três classes:

Classe	Nível de conhecimentos
Baixa	Até 16
Médio	17-32
Elevado	33 anos ou mais

(B)   Variável dependente

O presente estudo teve por objetivo estudar as necessidades de formação dos agricultores em matéria de tecnologia de produção de batata. Por conseguinte, as necessidades de formação dos agricultores foram consideradas como a variável dependente neste estudo.

Necessidade de formação

A necessidade de formação pode existir em qualquer altura em que uma condição real difere da condição desejada na situação de trabalho de um indivíduo ou grupo de pessoas. Neste estudo, a necessidade de formação foi concebida como a diferença entre o que é e o que deveria ser no desempenho efetivo das práticas culturais no que se refere à produção de batata.

Principais áreas de formação

A fim de determinar as principais áreas de formação na produção de batata, foram utilizadas fontes de informação primárias e secundárias. Após a compilação de toda a informação e com a ajuda de uma consulta alargada feita aos cientistas da batata da universidade. Foram identificadas nove áreas principais de produção de batata nas quais os agricultores deveriam ter as suas necessidades de formação.

Todos estes domínios são aqui enumerados como:

i)   Variedades de alto rendimento.

ii)   Tratamento de sementes.

iii)   Método de sementeira e época de sementeira.

iv)   Gestão de estrumes e fertilizantes.

v)   Irrigação e drenagem.

vi)   Gestão de ervas daninhas.

vii)   Medidas de proteção das plantas.

viii)   Colheita.

ix)   Comercialização e armazenamento.

Subdomínios da formação

Em cada uma das nove áreas principais de formação, foi preparada uma lista de subáreas com a ajuda da literatura e de discussões com os trabalhadores e os agricultores contactados anteriormente. A lista que foi preparada incluía um total de quarenta e três sub-áreas. A lista completa foi entregue aos diferentes cientistas interessados (juntamente com as áreas principais), tendo-lhes sido pedido que efectuassem a classificação relacionada com as áreas principais e as suas subáreas.

Os principais domínios de formação finais e o número de subdomínios de cada domínio principal são os seguintes

1) Variedades de alto rendimento

i)   Variedades de batata recomendadas para a época

ii)   Preço das variedades melhoradas

iii)   Fonte de disponibilidade

iv)   Caraterísticas da batata HYV

2) Tratamento de sementes

i)   Seleção de sementes saudáveis e ousadas

ii)   Método de tratamento de sementes

iii)   Nomes e doses dos produtos químicos utilizados

3) Método de sementeira e datas de sementeira

    i)   Época de sementeira

    ii)   Método de sementeira

    iii)   Taxa de sementeira

    iv)   Espaçamento

    v)   Profundidade de sementeira

    vi)   Precauções a ter com as sementeiras tardias

    vii)   Precauções a ter com as sementeiras precoces

4) Gestão de estrumes e fertilizantes

    i)   Utilização de adubos orgânicos (composto/FYM, etc.)

    ii)   Escolha de fertilizantes.

    iii)   Dose de NPK

    iv)   Método de aplicação do fertilizante

    v)   Tempo e intervalo de aplicação de fertilizantes.

    vi)   Identificação de nutrientes de sintomas de deficiências.

5) Irrigação e drenagem

    i)   Necessidades hídricas da cultura da batata.

    ii)   Problemas de alagamento e técnica de drenagem.

    iii)   Número de irrigação.

    iv)   Tempo de irrigação.

    v)   Método de irrigação.

6) Gestão de ervas daninhas

    i)   Identificação da principal flora infestante.

    ii)   Nome e dose do herbicida.

    iii)   Hora da pulverização.

    iv)   Fontes de disponibilidade e preço dos herbicidas.

7) Medidas fitossanitárias

i)   Identificação dos principais insectos pragas e doenças

ii)   Causa da propagação.

iii)   Tempo e método de controlo.

iv)   Sensibilização para a utilização de vários insecticidas e pesticidas.

v)   Preparação da solução pesticida.

vi)   Manuseamento de instrumentos de proteção das plantas.

vii)   Efeito residual de insecticidas e pesticidas.

8) Colheita

i)   Época da colheita.

ii)   Método de colheita

9) Marketing e armazenamento

1) Preço de mercado

2) Comercialização da batata

3) Cura

4) Classificação

5) Tratamento para armazenagem

Avaliação das necessidades de formação

A necessidade de formação dos agricultores nas principais subáreas de produção de batata pelos inquiridos foi medida através de um programa de entrevistas bem estruturado, em que cada afirmação tem uma escala de classificação de três pontos, ou seja, mais necessária (3), necessária (2) e menos necessária (1), juntamente com a pontuação atribuída a cada uma das escolhas relativas a cada uma das afirmações relacionadas com as principais áreas e as suas subáreas de formação.

As frequências em cada categoria de resposta relativa às principais áreas e subáreas foram multiplicadas pela pontuação correspondente; foram somadas e divididas pelo número total de inquiridos, o que deu uma pontuação média para cada área de necessidades de formação. A pontuação média assim obtida para as principais áreas e subáreas das necessidades de formação foi utilizada para as classificar por ordem de mérito de formação. O grau das necessidades de formação, com base na pontuação média, foi classificado de acordo com o seguinte sistema

Intervalo de pontuação média	Grau de formação
2.5 - 3.0	Mais necessários
1.5 - 2.5	Necessário
0 -1.5	Menos necessário

Além disso, foi analisada a opinião dos agricultores relativamente a várias componentes do programa de formação, nomeadamente o local, a duração, a dimensão dos formandos, o método e a hora da formação.

Uma lista de itens específicos de cada componente foi preparada com base na revisão da literatura disponível e em discussões informais com os cientistas, líderes locais e agricultores da área. Para o efeito, foi utilizada uma escala de classificação de quatro pontos, com a respectiva pontuação entre parêntesis. Os itens foram os mais preferidos (4), moderadamente preferidos (3), menos preferidos (2) e não preferidos (1).

O cálculo da pontuação média foi novamente efectuado de forma semelhante à utilizada no caso das necessidades de formação.

Assim, o programa de entrevistas relativo às necessidades de formação foi preparado tendo em conta o objetivo do estudo e também a variável a medir. O programa de entrevistas preparado foi pré-testado nas aldeias da mesma área de estudo e foram feitas as alterações necessárias antes da utilização efectiva do programa para efeitos de estudo. É apresentado aqui no Anexo-1

4)   Instrumentos e técnicas de recolha de dados

O guião da entrevista foi o principal instrumento utilizado no estudo para a recolha de dados. Para além da entrevista direta com os inquiridos, foi estruturado um calendário com todos os itens sobre os quais se procurava obter informações. As fontes secundárias, como livros, jornais, documentos oficiais, relatórios e peritos, etc., também foram utilizadas sempre que necessário.

O programa de entrevistas foi pré-testado numa amostra separada de 15 agricultores com base no pré-teste. Foram introduzidas as alterações necessárias no programa antes de este ser aplicado à amostra efectiva. Os inquiridos foram contactados individualmente em pessoa e foram entrevistados depois de se estabelecer um bom contacto com eles, a fim de evitar qualquer relutância ou parcialidade.

5) Análise estatística dos dados

Foram utilizados os seguintes instrumentos estatísticos para a análise e interpretação dos dados.

(a) Frequência e percentagem

Para calcular a percentagem, a frequência de uma determinada célula foi multiplicada por 100 e dividida pelo número total de inquiridos nessa categoria específica à qual a célula pertence.

(b) Média

A média aritmética das somas das colunas foi calculada pela fórmula seguinte:

$$= \frac{\sum X_i}{n}$$

Onde Xi é a observação e n é o número de observações.

RESULTADOS E DISCUSSÃO

Os resultados do inquérito foram apresentados e discutidos neste capítulo após uma análise adequada. Na presente investigação, a necessidade de formação dos produtores de batata em relação ao cultivo melhorado da batata foi a variável dependente e nove variáveis, nomeadamente, idade, educação, propriedade da terra, rendimento anual, área cultivada com batata, intensidade de cultivo, motivação económica, contacto com a agência de extensão e conhecimento foram selecionadas como variáveis independentes.

Os resultados desta empresa de investigação são apresentados em quatro secções.

(1) Caraterísticas socioeconómicas e pessoais dos produtores de batata.

(2) Nível de conhecimento dos agricultores sobre a tecnologia recomendada para a produção de batata.

(3) Necessidades de formação dos produtores de batata em relação a diferentes componentes da cultura melhorada da batata.

(4) Perceção dos agricultores sobre as várias subcomponentes do programa de formação.

1. Caraterísticas socioeconómicas e pessoais dos produtores de batata:

Nesta secção, tentou-se apresentar a descrição do inquirido com base nas suas variáveis socioeconómicas e pessoais selecionadas, bem como no conhecimento da tecnologia de produção de batata. Cada caraterística foi descrita separadamente.

Idade

Com base na sua idade, os inquiridos foram classificados em três grupos: jovens, médios e idosos. Os valores assim obtidos estão indicados no Quadro 2.

A tabela mostra claramente que 53,34% e 63,34% dos inquiridos pertenciam ao grupo de meia-idade, seguidos dos jovens (33,33% e 26,66%) e dos idosos (13,33% e 11,67%) no caso do bloco de Biharsharif e do bloco de Katrisarai, respetivamente.

Quadro 2: Distribuição dos produtores de batata de acordo com a sua idade

Sl. Não.	Grupo etário	Biharsharif	Katrisarai	Agrupado
1	Jovem f	10	8	18
	(até 35 anos) %	33.33	26.66	30.00
2	Meio f	16	15	35
	(36 a 55 anos) %	53.34	63.34	58.33
3	Antigo f	4	3	7
	(56 anos e mais) %	13.33	10.00	11.67
	Total	100	100	60
	Média	47.66	45.066	46.366

Assim, o quadro indicava que a percentagem máxima de agricultores pertencia à faixa etária média, seguida dos agricultores jovens e idosos. A idade média dos inquiridos, ou seja, 46,366 anos, também indica que a amostra se situava na faixa etária média. Observações semelhantes foram também registadas nos estudos de Sagwal e Mallik (2002), Painkara *et al.* (2010) e Rav *et al.* (2011).

Educação

Os inquiridos foram classificados em quatro níveis, com base no seu nível de escolaridade: analfabetos, alfabetizados, instruídos e altamente instruídos. A distribuição de cada nível é apresentada no Quadro 3.

A tabela revela que a maioria dos inquiridos tinha habilitações literárias, seguindo-se os altamente qualificados, os alfabetizados e os analfabetos. Pode observar-se que a percentagem de pessoas com formação académica era máxima e a percentagem de analfabetos era mínima, sendo de apenas 10,00 por cento. Os resultados estão em consonância com as conclusões de Meena *et al.* (2009) e Rav *et al.* (2011).

Tabela 3. Distribuição dos produtores de batata de acordo com a sua formação académica

Sl. Não.	Nível de educação	Biharsharif	Katrisarai	Agrupado
1	Analfabeto f	2	4	6
	(0-1) %	6.66	13.33	10.00
2	Alfabetizado f	1	5	6
	(1.1-2) %	3.34	16.67	10.00
3	Educado f	18	15	33
	(2.1-3) %	60.00	50.00	55.00
4	Altamente qualificado f	9	6	15
	(3.1-4) %	30.00	20.00	25.00
	Total	100	100	60
	Média	4.6333	4.133	4.3833

Exploração de terras

Os inquiridos também foram divididos de acordo com o tamanho da terra cultivável que possuíam. A distribuição é apresentada no Quadro -4.

Quadro 4. Distribuição dos produtores de batata de acordo com a sua propriedade fundiária

Sl. Não.	Exploração de terras	Biharsharif	Katrisarai	Agrupado
1.	Marginal f	20	8	28
	(até 1 ha) %	66.66	26.66	46.66
2.	Pequeno f	8	12	20
	(1,1 a 2 ha) %	26.67	40.00	30.33
3.	Médio f	2	6	8
	(2,1 a 4 ha) %	6.66	20.00	13.34
4.	Grande f	0	4	4
	(acima de 4 ha) %	0.00	13.34	6.66
	Total	100	100	60
	Média	1.100	2.4933	1.7966

Como se pode ver no quadro 4, havia 46,66% de agricultores marginais, 33,33% de pequenos agricultores, 13,33% de médios agricultores e 6,66% de grandes agricultores.

De acordo com o valor médio, 1,7966 dos agricultores que cultivam batata estavam na categoria pequena.

Rendimento anual

O rendimento total do ano anterior dos inquiridos foi calculado com base no rendimento anual, tendo os inquiridos sido divididos em cinco grupos: muito baixo, baixo, médio e muito alto. Os dados são apresentados no quadro 5.

Tabela 5. Distribuição dos produtores de batata de acordo com o seu rendimento anual

Sl. Não.	Rendimento anual	Biharsharif	Katrisarai	Agrupado
1	Muito baixo f	2	1	3
	(até Rs. 25.000) %	6.66	3.33	5.00
2	Baixo f	4	3	7
	(25.000 a 50.000) %	13.33	10.00	11.67
3	Médio f	7	5	12
	(50.000 a 75.000) %	23.33	16.66	20.00
4	Elevado f	15	17	32
	(75,000 a 1,00,000) %	50.00	56.67	53.35
5	Muito elevado f	2	4	6
	(1 lakh e superior) %	6.67	13.33	10.00
	Total	100	100	60
	Média	82133.3	70766.6	76450

O quadro mostra que a maioria dos agricultores pertencia ao grupo de rendimento elevado (53,33%), seguido dos agricultores do grupo de rendimento médio (20%), do grupo de rendimento baixo (11,66%), do grupo de rendimento muito elevado (10%) e do grupo de rendimento muito baixo (5%). O valor médio indica que os agricultores inquiridos pertencem ao grupo de rendimento elevado.

Área cultivada com batata

Os inquiridos foram também divididos de acordo com a área de cultivo de batata por eles prossumida. A distribuição é apresentada no Quadro 6.

Quadro 6. Distribuição dos produtores de batata de acordo com a sua área de cultivo de batata

Sl. Não.	Área cultivada com batata	Biharsharif	Katrisarai	Agrupado
1	Baixo f	1	6	7
	(inferior a 0,5 ha.) %	3.33	20.00	11.66
2	Médio f	19	16	35
	(0,5 a 1,0 ha.) %	63.34	53.34	58.34
3	Elevado f	10	8	18
	(Acima de 1,0 ha.) %	33.33	26.66	30.00
	Total	100	100	60
	Média	1.0733	0.85333	0.96333

Pode ver-se que a maioria dos agricultores, ou seja, 58,333%, tinha uma área média de cultivo de batata. O agricultor seguinte (30,00 por cento) tinha uma área elevada de cultivo de batata, seguido dos agricultores do grupo de área baixa (11,666 por cento). O valor médio indica que os agricultores inquiridos tinham uma área média de cultivo de batata.

Intensidade da cultura

Os inquiridos foram classificados em três grupos com base na intensidade da cultura. A distribuição dos inquiridos por intensidade de cultivo é apresentada no Quadro -7.

O quadro indica que a percentagem máxima de agricultores que praticam uma intensidade de cultura elevada é seguida da percentagem de agricultores que praticam uma intensidade de cultura média e baixa. O valor médio também indica que os agricultores inquiridos tinham uma intensidade de cultivo elevada.

Quadro 7. Distribuição dos produtores de batata de acordo com a sua intensidade de cultivo

Sl. Não.	Intensidade da cultura	Biharsharif	Katrisarai	Agrupado
1	Baixo f	2	3	5
	(Até 150%) %	6.67	10.00	8.34
2	Médio f	8	16	24
	(150 a 200%) %	26.67	53.34	40.00
3	Elevado f	20	11	31
	(Acima de 200%) %	66.66	36.66	51.66
	Total	100	100	60
	Média	239.76	198.05	218.90

Motivação económica

A motivação económica dos agricultores é um indicador importante do espírito empresarial e da propensão para novas ideias. Assim, o nível de motivação económica foi estudado e o resultado é apresentado no Quadro 8.

Tabela 8. Distribuição dos produtores de batata de acordo com a sua motivação económica

Sl. Não.	Motivação económica	Biharsharif	Katrisarai	Agrupado
1	Baixo f	2	8	10
	(até 4,5) %	6.67	26.67	16.66
2	Médio f	11	15	26
	(4,5 a 6,5) %	33.33	50.00	43.34
3	Elevado f	17	7	24
	(6,5 e superior) %	60.00	23.33	40.00
	Total	100	100	60
	Média	6.666	5.4	6.033

A partir da tabela acima, é claro que 43,34% dos produtores de batata tinham um nível médio de motivação económica. Seguem-se os inquiridos com um nível elevado (40,00 por cento) e baixo (16,66 por cento) de motivação económica. O valor médio também indica que os agricultores inquiridos têm um nível médio de motivação económica.

Contacto da agência de extensão

A frequência de contacto dos agricultores com diferentes agências de extensão foi estudada e a sua distribuição de frequência identificada. Os números relativos aos diferentes agricultores são apresentados no Quadro 9.

Tabela 9. Distribuição dos produtores de batata de acordo com o seu contacto com a agência de extensão

Sl. Não.	Ext. contacto da agência		Biharsharif	Katrisarai	Agrupado
1	Baixo f		3	5	8
	(até 8) %		10.00	16.66	13.13
2	Médio f		12	16	28
	(9 a 16) %		40.00	53.34	46.67
3	Elevado	f	15	9	24
	(17 a 24) %		50.00	30.00	40.00
	Total		100	100	60
	Média		17.433	14.556	16.00

O quadro indica que 13,33% dos agricultores têm um baixo nível de contacto com as agências de extensão, 46,67% têm um nível médio e apenas 40,00% têm um nível elevado de contacto com as agências de extensão. A média da pontuação da amostra também indicou que os agricultores da amostra tinham um nível médio de contacto com a agência de extensão.

2. Nível de conhecimento dos agricultores sobre a produção recomendada de batata
tecnologia

Os inquiridos foram classificados em três grupos com base nos conhecimentos sobre a tecnologia de produção de batata que obtiveram. Os dados são apresentados na Tabela-10.

Tabela 10. Distribuição dos produtores de batata de acordo com os seus conhecimentos sobre a tecnologia de produção de batata

Sl. Não.	Nível de conhecimentos		Biharsharif	Katrisarai	Agrupado
1	Baixo f		8	11	19
	(até 16) %		26.66	36.66	31.66
2	Médio f		16	15	31
	(16 a 32) %		53.34	50.00	51.67
3	Elevado	f	6	4	10
	(33 e mais) %		20.00	13.34	16.67
	Total		100	100	60
	Média		29.20	24.666	26.933

A leitura da tabela 10 mostra que a maioria dos inquiridos, ou seja, mais de 50%, tinha um nível médio de conhecimentos sobre ambos os blocos. No caso do bloco de Biharsharif, 26,66% dos inquiridos tinham um baixo nível de conhecimentos, enquanto 20,00% dos inquiridos selecionados possuíam um alto nível de conhecimentos. No caso do bloco de Katrisarai, 36,66% dos inquiridos apresentavam um baixo nível de conhecimentos, enquanto apenas 13,34% dos inquiridos se enquadravam na categoria de alto nível de conhecimentos. O valor médio também indica que os agricultores inquiridos tinham um nível de conhecimentos médio. Esta constatação está em sintonia com Kumar e Ramotra (2011), que relataram que a proporção máxima dos inquiridos, ou seja, 41,00 por cento dos produtores de batata, possuía um nível médio de conhecimentos gerais sobre o cultivo científico da batata. Os resultados do presente estudo também estão em conformidade com o trabalho de Rampal et.al. (2005).

Necessidades de formação dos produtores de batata

As necessidades relativas de formação dos agricultores nas nove principais áreas de formação no que diz respeito ao cultivo melhorado da batata, tal como percebidas pelos inquiridos, são apresentadas no Quadro 11.

Quadro 11. Necessidade de formação dos produtores de batata nas principais áreas de formação.

Sl. Não.	Principais domínios de formação	Pontuação média	Classificação
1.	Variedades de alto rendimento	2.63	II
2.	Tratamento de sementes	2.55	III
3.	Método de sementeira e época de sementeira	2.48	IV
4.	Gestão de estrumes e fertilizantes	2.38	V
5.	Irrigação e drenagem	2.31	VI
6.	Gestão de ervas daninhas	1.88	VII
7.	Medidas fitossanitárias	2.73	I
8.	Colheita	1.28	IX
9.	Armazenamento de marketing	1.31	VIII

O resultado relacionado com a tabela 11 revela que os produtores de batata selecionados consideraram a área das 'medidas de proteção das plantas' como a sua primeira e principal necessidade de formação, indicando a sua pontuação média de 2,73, seguida pela área das 'variedades de alto rendimento', que recebeu a 2nd classificação durante o curso do estudo, tendo a sua pontuação média de 2,63. O 'tratamento fungicida' foi observado como a terceira área de classificação relacionada com as necessidades de formação entre os produtores de batata, seguido por 'métodos de sementeira e tempo de sementeira', indicando o seu valor médio de 2,48. A gestão de adubos e fertilizantes, a irrigação e drenagem e a gestão de ervas daninhas foram consequentemente observadas como a área de necessidades relativas importantes para a formação entre os produtores de batata, de acordo com a ordem do seu mérito, indicando a sua pontuação média de 2,38, 2,31 e 1,88, respetivamente. A outra área importante, como a comercialização e armazenamento e a colheita, também foi reconhecida como uma área importante de necessidades de formação pelos produtores de batata desta área, mas a sua classificação relativa foi encontrada em 8th e 9th, indicando uma pontuação média de 1,31 e 1,28, respetivamente.

Estas zonas foram consideradas como as menos necessárias pelos produtores de batata. De facto, a cultura da batata é frequentemente afetada por certas doenças e pragas. Assim, esta foi a razão óbvia para perceber a primeira prioridade da área de proteção das plantas. A variedade de maior rendimento foi considerada como a próxima área importante em que os agricultores tinham pouca margem para saber, pelo que a reconheceram como uma área importante das necessidades de formação.

A situação foi semelhante nos outros domínios das suas necessidades relativas de formação, nos quais os produtores de batata deram as suas preferências por ordem de classificação.

Necessidades de formação dos produtores de batata nas sub-áreas de formação

No ponto supracitado, foram analisadas as necessidades de formação dos agricultores em relação a nove domínios principais de formação no que respeita à tecnologia de produção de batata. A este respeito, foi feita uma tentativa de analisar as necessidades de formação dos produtores de batata nas subáreas de cada um dos nove domínios principais de formação.

A necessidade relativa de formação em cada uma das subáreas de formação, segundo a perceção dos produtores de batata, é apresentada a seguir, de acordo com as principais áreas da sua formação.

Variedade de batata de alto rendimento

Os resultados relacionados com a necessidade relativa de formação nas subáreas da variedade de batata de alto rendimento são apresentados a seguir.

Quadro 12. Necessidade de formação dos produtores de batata nas subáreas de variedades de elevado rendimento

Sl. Não.	Sub-áreas de formação	Pontuação média	Classificação
1.	Variedades de batata recomendadas para a época	2.66	II
2.	Preço das variedades melhoradas	1.25	IV
3.	Fonte de disponibilidade	1.68	III
4.	Caraterísticas da batata HYV	2.81	I

A Tabela 12 mostra que os produtores de batata consideraram as caraterísticas da batata HYV como uma área importante para as suas necessidades de formação relativas, indicando a sua pontuação média de 2,81, seguida pela outra subárea da variedade de batata recomendada para a estação, que recebeu a segunda classificação durante o estudo, mostrando a sua pontuação média de 2,66. A fonte de disponibilidade foi observada como a terceira sub-área mais necessária relacionada com a necessidade de formação entre os produtores de batata, indicando o seu valor médio de 1,68. Na sub-área do preço da variedade melhorada, os produtores de batata expressaram a sua necessidade de formação como a menos necessária, tendo a sua pontuação média de 1,25.

Uma vez que os resultados indicaram uma tendência muito crucial nas subáreas da necessidade de formação em HYV, enquanto todos os agricultores selecionados estavam conscientes do conhecimento e da adoção de HYV de batata, mostraram a sua tendência relacionada com a fonte de disponibilidade de HYV. Isto deveu-se provavelmente ao facto de, no âmbito dos programas de desenvolvimento da batata, as sementes de diferentes variedades estarem facilmente disponíveis nesta região. Paradoxalmente, os agricultores de todas as categorias não mostraram qualquer reação intensa em relação ao preço das variedades melhoradas. Isto pode dever-se ao facto de os agricultores poderem optar por comprar mesmo insumos altamente dispendiosos, uma vez que estão convencidos da sua rentabilidade em termos de elevados rendimentos provenientes dos seus campos.

Tratamento de sementes

O resultado relacionado com a necessidade de formação nas sub-áreas do tratamento de sementes é apresentado como segue.

Quadro 13. Necessidade de formação dos produtores de batata nas subáreas de tratamento de sementes

Sl. Não.	Sub-áreas de formação	Pontuação média	Classificação
1.	Seleção de sementes saudáveis e ousadas	1.23	III
2.	Método de tratamento de sementes	2.46	II
3.	Nome e dose do produto químico para o tratamento de sementes	2.61	I

A leitura do quadro 13 indica que os produtores de batata selecionados mostraram as suas primeiras subáreas mais necessárias relacionadas com os nomes e a dose de produtos químicos para o tratamento de sementes para cultivo e que necessitavam mais de formação nesta área, indicando a sua pontuação média de 2,61, onde o método de tratamento de sementes ficou em segundo lugar. É a sub-área mais necessária, com uma pontuação média de 2,46. A seleção de sementes saudáveis e arrojadas recebeu uma pontuação média de 1,23. Como os nomes e a dose de produtos químicos para o tratamento de sementes, todos os produtores de batata selecionados expressaram a sua necessidade prioritária de receber formação neste aspeto tecnológico. No entanto, nos outros componentes, como o método de tratamento de sementes, os agricultores selecionados mostraram as suas necessidades moderadas. Isto pode dever-se ao facto de haver muitos produtores de batata selecionados que eram analfabetos e que necessitavam imediatamente de formação nas subáreas nesta área tecnológica.

Métodos de sementeira e época de sementeira

As conclusões relacionadas com esta necessidade relativa de formação nos subdomínios do método de sementeira e das épocas de sementeira são apresentadas a seguir.

Quadro 14. **Necessidade de formação dos produtores de batata nas subáreas do método de sementeira e das épocas de sementeira**

Sl. Não.	Sub-áreas de necessidade de formação	Pontuação média	Classificação
1.	Época de sementeira	1.61	VI
2.	Método de sementeira	1.68	V
3.	Taxa de sementeira	1.36	VII
4.	Espaçamento	1.71	IV
5.	Profundidade de sementeira	1.75	III
6.	Precauções a ter com as sementeiras tardias	2.56	II
7.	Precauções a ter com as sementeiras precoces	2.58	I

Os resultados apresentados no Quadro 14 indicam que os produtores de batata selecionados consideraram a formação na área como a mais necessária nas subáreas de precaução de sementeira precoce e tardia, que receberam pontuações médias de 2,58 e 2,56, respetivamente. A subárea relacionada com a profundidade da sementeira foi observada como a terceira subárea mais necessária entre os produtores de batata, seguida pelo método de espaçamento, com um valor médio de 1,75 e 1,71. Na sub-área do método de sementeira, os produtores de batata expressaram a sua necessidade de formação como a quinta mais necessária, com um valor médio de 1,68. Na sub-área da época de sementeira, os produtores de batata expressaram as suas necessidades de formação como as seis mais necessárias, com uma pontuação média de 1,61. Os produtores de batata mostraram a sua menor necessidade de formação na subárea da taxa de sementes, com uma pontuação média de 1,29. Esta é, obviamente, considerada a primeira prioridade da sub-área de precaução da profundidade de sementeira precoce e tardia, que é a outra sub-área importante na qual os agricultores tinham pouca margem de manobra para saber, pelo que a reconheceram como a mais importante. A situação é semelhante nas outras sub-áreas de necessidades relativas de formação, nas quais os produtores de batata deram as suas preferências por ordem de classificação.

Gestão de estrumes e fertilizantes

A conclusão relacionada com as necessidades de formação na subárea da gestão de estrumes e fertilizantes é apresentada aqui como

Quadro 15. Necessidade de formação dos produtores de batata nas sub-áreas de gestão de estrume e fertilizantes

Sl. Não.	Sub-áreas de formação	Pontuação média	Classificaç ão
1.	Utilização de adubos orgânicos (composto/FYM, etc.)	1.51	V
2.	Escolha de fertilizantes	1.48	VI
3.	Dose de NPK	1.73	III
4.	Método de aplicação dos fertilizantes	1.58	IV
5.	Tempo e intervalo de aplicação dos fertilizantes	2.63	II
6.	Identificação dos sintomas de carência de nutrientes	2.78	I

Os resultados apresentados no Quadro 14, relacionados com a necessidade de formação nas subáreas de gestão de estrumes e fertilizantes, revelam que os produtores de batata selecionados consideraram que a subárea mais importante da gestão de estrumes e fertilizantes para a formação é a identificação de sintomas de deficiências de nutrientes, indicando o seu valor médio de 2,78. A outra importante sub-área necessária foi considerada como tempo e intervalo de aplicação de fertilizantes entre os produtores de batata na forma da formação desejada na sub-área de gestão de estrumes e fertilizantes.

A subárea de dose de NPK, método de aplicação de fertilizantes, escolha de fertilizantes e uso de adubos orgânicos também recebeu a importância entre os produtores de batata em termos de formação necessária. De facto, os estrumes e os fertilizantes, que foram considerados como um fator de produção, são o elemento chave para aumentar a produção de batata. Os produtores de batata estão perfeitamente conscientes de que a produtividade das culturas nunca pode aumentar sem a utilização de fertilizantes e estrume. Uma vez que a maior parte dos nossos solos apresenta deficiências de um ou outro nutriente. Assim, todos os produtores de batata selecionados sentiram a necessidade de formação mais desejada na área da identificação de sintomas de deficiência de nutrientes.

Irrigação e drenagem

As conclusões relacionadas com as necessidades de formação nas sub-áreas de irrigação e drenagem são apresentadas a seguir.

Quadro 16. Necessidade de formação dos produtores de batata nas subáreas de irrigação e drenagem

Sl. Não.	Sub-áreas de formação	Pontuação média	Classific ação
1.	Necessidades hídricas da cultura da batata	2.76	I
2.	Problemas de alagamento e técnica de drenagem	2.53	II
3.	Número de irrigação	2.46	IV
4.	Tempo de irrigação	2.48	III
5.	Método de irrigação	1.41	V

A leitura do Quadro 16 mostra que os produtores de batata consideraram que a necessidade de água da cultura da batata é uma área importante como a sua primeira necessidade relativa de formação, indicando a sua pontuação média de 2,76, seguida por outra subárea de problemas de registo de água e drenagem, que recebeu a segunda classificação durante o estudo, mostrando a sua pontuação média de 2,53. Na sub-área do tempo de irrigação e do número de irrigações recebidas, os produtores de batata selecionados expressaram as suas necessidades de formação como necessárias, com uma pontuação média de 2,48 e 2,46, respetivamente. Na sub-área do método de irrigação, os produtores de batata selecionados expressaram as suas necessidades de formação como as menos necessárias, com uma pontuação média de 1,41. O cultivo da batata prevalece principalmente em condições de chuva, onde a cultura é cultivada com a humidade residual do solo. A cultura da batata é também cultivada em terras altas em várias áreas. Uma vez que, nesta região, os solos são de textura ligeira, a cultura necessita de uma ou duas regas para obter um melhor rendimento económico e revela-se um fator crítico na produção de batata. Por conseguinte, todos os produtores de batata selecionados reconheceram que este é um fator importante, pelo que necessitaram de formação em relação ao tempo de rega.

Gestão de ervas daninhas

Os resultados relacionados com as necessidades relativas de formação nas sub-áreas de gestão de infestantes são apresentados na tabela 17, que é apresentada como segue.

Tabela- 17. Necessidade de formação dos produtores de batata nas sub-áreas de gestão de infestantes

Sl. Não.	Sub-áreas de formação	Pontuação média	Classificação
1.	Identificação da principal flora infestante	1.21	IV
2.	Nome e dose do herbicida	2.81	I
3.	Tempo de pulverização	2.41	II
4.	Fontes de disponibilidade e preço dos herbicidas	1.71	III

Os resultados apresentados no quadro 16 indicam que os produtores de batata consideraram a subárea 'nome e dose dos herbicidas' como a sua primeira escolha em relação à necessidade de formação, indicando a sua pontuação média de 2,81, seguida pela subárea 'tempo de pulverização', que recebeu a segunda posição durante o estudo, com a sua pontuação média de 2,41. As 'fontes de disponibilidade e preço do herbicida' foram observadas na terceira posição relacionada com as necessidades de formação, indicando a sua pontuação média de 1,71. As outras sub-áreas importantes, como a 'identificação da flora das principais ervas daninhas', também foram reconhecidas pelos produtores de batata desta área, mas as suas necessidades de formação relativas foram classificadas em quarto lugar, indicando a sua pontuação média de 1,21. Estas foram consideradas como as sub-áreas de formação menos necessárias para os produtores de batata. Verifica-se geralmente que os produtores de batata controlam as ervas daninhas através de práticas culturais.

Os herbicidas foram normalmente utilizados pelos produtores de batata que foram considerados muito engenhosos. O estudo também indicou duas razões principais para este comportamento: (i) falta de conhecimento sobre o controlo de ervas daninhas através de herbicidas, (ii) custo elevado dos produtos químicos. A este respeito, resultados mais ou menos semelhantes foram relatados por Bindhu e Patel (1998) com base nos seus estudos sistemáticos.

Medidas fitossanitárias

As conclusões relacionadas com as necessidades de formação nas subáreas da proteção fitossanitária são apresentadas a seguir.

Quadro 18: Necessidade de formação dos produtores de batata nas subáreas das medidas fitossanitárias

Sl. Não.	Sub-áreas de formação	Pontuação média	Classificação
1.	Identificação das principais pragas de insectos e doenças	2.86	II
2.	Causa da propagação	2.83	III
3.	Tempo e método de controlo	2.68	IV
4.	Sensibilização para a utilização de vários insecticidas e pesticidas	2.88	I
5.	Preparação da solução pesticida	2.65	V
6.	Manuseamento da aplicação da proteção fitossanitária	2.21	VI

O quadro 18 revela que os produtores de batata consideraram a subárea "sensibilização para a utilização de vários insecticidas e pesticidas" como a principal necessidade relativa de formação, com um valor médio de 2,88, seguida da subárea "identificação das principais doenças", que obteve a segunda posição durante o estudo, com um valor médio de 2,86. A subárea da "causa da propagação" foi observada como a terceira posição relacionada com a necessidade de formação entre os produtores de batata, seguida do "tempo e método de controlo", indicando o seu valor médio de 2,83. A 'preparação da solução de pesticida', o 'manuseamento da alfaia fitossanitária' e o 'efeito residual dos pesticidas insecticidas' foram, consequentemente, observados como a subárea de necessidade relativa de formação mais importante entre os produtores de batata selecionados, por ordem de mérito, indicando os seus valores médios de 2,65, 2,21 e 2,18, respetivamente. A maior necessidade de formação dos agricultores em matéria de proteção das plantas em geral também foi referida por Kumar (1985). Entre os diferentes aspectos da identificação da proteção das plantas, o controlo das doenças sempre constituiu um grande desafio para os produtores de batata. Quando a doença aparece na cultura, o rendimento é drasticamente reduzido. Por conseguinte, é natural que os produtores de batata, independentemente da dimensão da sua exploração, sintam necessidade de formação sobre as medidas de controlo das doenças.

Colheita

Os resultados relacionados com as necessidades de formação nas sub-áreas de colheita são apresentados no Quadro 19, que é apresentado a seguir.

Quadro 19. Necessidade de formação dos produtores de batata nas sub-áreas de colheita

Sl. Não.	Sub-áreas de formação	Pontuação média	Classificação
1.	Momento da colheita	1.38	I
2.	Método de colheita	1.28	II

Os resultados relacionados com a necessidade de formação em subáreas de colheita, tal como se mostra no Quadro 19, revelam que os produtores de batata selecionados consideraram que a subárea mais importante da colheita era o "momento da colheita", indicando o seu valor médio de 1,38. A outra subárea menos importante e menos necessária foi considerada como 'método de colheita' entre os produtores de batata em termos da formação desejada na subárea da colheita. De facto, a colheita da batata foi uma das áreas em que os produtores de batata expressaram geralmente um elevado nível de confiança em termos dos seus conhecimentos. Devido a este facto, os produtores de batata não preferiam muito os requisitos de formação na área da colheita.

Comercialização e armazenamento

Os resultados relacionados com as necessidades relativas de formação dos produtores de batata nas sub-áreas de comercialização e armazenamento são apresentados aqui através do Quadro 20, que é dado como segue.

Quadro 20. Necessidade de formação dos produtores de batata nas sub-áreas de comercialização e armazenamento

Sl. Não.	Sub-áreas de formação	Pontuação média	Classificação
1.	Preço de comercialização	2.56	III
2.	Comercialização de batata	2.47	IV
3.	Cura	2.77	I
4.	Classificação	2.13	V
5.	Tratamento para armazenagem	2.69	II

Os resultados relacionados com a necessidade de formação na subárea de comercialização e armazenamento, conforme descrito no Quadro 20, indicam que os produtores de batata selecionados consideraram que a subárea mais importante da comercialização e armazenamento era a "cura", indicando o seu valor médio de 2,77.

A outra subárea mais importante e mais necessária foi considerada como "tratamento para armazenamento" e "comercialização de batata" entre os produtores de batata em termos de formação desejada na subárea de comercialização e armazenamento. As sub-áreas de "preço de comercialização" e classificação também receberam a importância dos produtores de batata em termos de formação necessária. De facto, o processo de cura e tratamento para armazenamento não era muito padronizado entre os produtores de batata. Por conseguinte, estas subáreas foram consideradas prioritárias, o que resultou na obtenção de uma classificação elevada em comparação com o preço de comercialização, a comercialização da batata e a classificação para obter uma melhor rentabilidade em termos de preço. Existiam alguns métodos rudimentares e tradicionais de comercialização e armazenamento que já prevaleciam entre os produtores de batata da sua área, mas que necessitavam de um processo normalizado de cura e tratamento para armazenamento. Semelhante é o caso do preço de comercialização e comercialização de sub-áreas de necessidade de formação de batata pelas quais os produtores de batata selecionados perceberam as suas necessidades relativas na direção inferior.

4. Perceção dos produtores de batata relativamente aos vários subcomponentes da

programa de formação

Depois de analisar os resultados relativos às necessidades de formação dos produtores de batata no que diz respeito ao cultivo da batata, considerou-se essencial conhecer a perceção dos produtores de batata no que diz respeito ao local, duração, dimensão da formação, método de formação e tempo de formação, etc. Os resultados relativos aos aspectos supracitados foram apresentados em vários quadros.

Local de organização da formação

Os resultados relacionados com o local de organização da formação, segundo a perceção dos produtores de batata, para a organização de um programa de formação eficaz são apresentados na tabela 21.

Tabela- 21. Perceção dos produtores de batata relativamente ao local de formação para a organização do programa de formação

Sl. Não.	Local da formação	Pontuação média	Classific ação

1.	Na aldeia	2.71	I
2.	No quarto de cabeça de bloco	2.23	III
3.	No sítio de demonstração	2.28	II
4.	No campus da universidade/faculdade	2.16	IV

É evidente na Tabela-21 que os produtores de batata selecionados demonstraram claramente que a aldeia é o local ideal para organizar a concentração do programa de formação, indicando a sua classificação mais elevada com uma pontuação média de 2,71. A formação do local de demonstração recebeu a outra atenção dos produtores de batata selecionados como o local adequado para organizar o programa de formação com a sua pontuação média de 2,28. Os produtores de batata selecionados indicaram a sua terceira preferência em termos de local das formações na sede a nível de bloco, indicando a pontuação média de 2,23. O local menos preferido pelos produtores de batata foi o campus da universidade e do colégio, com uma pontuação média de 2,16. De facto, nas aldeias, os agricultores não tinham oportunidades suficientes para visitar os diferentes locais, a fim de adquirirem os conhecimentos mais recentes relacionados com a inovação agrícola. Por conseguinte, revelaram sempre que a aldeia é o local mais ideal e adequado para a formação, seguido do local de qualquer sítio de demonstração nas proximidades das aldeias. Os produtores de batata dificilmente consideraram o quarteirão e a universidade como um local ideal para a formação devido ao facto de, por um lado, estarem localizados em locais distantes e, por outro, enfrentarem muitos inconvenientes para visitar esses locais. O fraco estatuto socioeconómico também afecta a sua visita a estes locais de formação.

Duração da formação

Os resultados relacionados com a duração da formação, tal como percebida pelos produtores de batata para a organização do programa de formação, são apresentados no Quadro 22.

Tabela- 22. Perceção dos produtores de batata relativamente à duração da formação para a organização do programa de formação

Sl. Não.	Duração da formação	Pontuação média	Classific ação
1.	Formação de um dia	2.45	II
2.	Dois dias de formação	2.91	I
3.	Três dias de formação	2.25	III
4.	Uma semana de formação	2.11	IV
5.	Quinze dias de formação	1.93	V

É evidente na Tabela 22 que os produtores de batata selecionados demonstraram claramente que dois dias é a duração ideal para a organização do programa de formação, indicando a sua classificação mais elevada com uma pontuação média de 2,91. A duração da formação de um dia recebeu outra atenção por parte dos produtores de batata como uma duração adequada para a organização do programa de formação. Os produtores de batata selecionados indicaram a sua terceira preferência em termos de duração do programa de formação de três dias, indicando a pontuação média de 2,25. A duração do treinamento de uma semana recebeu o quarto lugar para organizar o treinamento e indicando sua pontuação média de 2,11 sempre que a última duração preferida do programa de treinamento de quinze dias foi encontrada entre os produtores de batata com a pontuação média de 1,93. De facto, devido à falta de tempo, a duração preferida dos produtores de batata selecionados para organizar a formação foi de dois dias, seguida da duração de um dia de formação.

Dimensão da formação

Os resultados relacionados com a dimensão da formação, tal como percebida pelos produtores de batata para a organização do programa de formação, são apresentados no Quadro 23.

Tabela- 23. Perceção dos produtores de batata relativamente à dimensão da formação para a organização do programa de formação

Sl. Não.	Dimensão da formação	Pontuação média	Classific ação

Sl. Não.		Pontuação média	Classificação
1.	Até 25 agricultores	2.95	I
2.	26- 50 agricultores	2.93	II
3.	51-75 agricultores	2.23	III
4.	76-100 agricultores	1.16	IV

É evidente na Tabela 23 que os produtores de batata selecionados demonstraram claramente que um grupo de 25 agricultores é o tamanho ideal de formação para organizar o programa de formação eficaz, indicando a sua classificação mais elevada com uma pontuação média de 2,95. A dimensão da formação de 26 a 50 agricultores recebeu outra atenção por parte dos produtores de batata selecionados como a dimensão adequada do grupo de formação para a organização do programa de formação. Os produtores de batata selecionados indicaram a sua terceira preferência em termos de dimensão da formação dos 51 a 75 agricultores, indicando a pontuação média de 2,23. A última dimensão preferida dos formandos, de 76 a 100 agricultores, foi observada entre os produtores de batata, com uma pontuação média de 1,16. De facto, o número de formandos de 25 agricultores foi sempre considerado como o mais adequado para os produtores de batata.

Tempo de formação

Os resultados relacionados com o método de formação, tal como percebido pelos produtores de batata para organizar um programa de formação eficaz, são apresentados no Quadro 24.

Tabela- 24. Perceção dos produtores de batata relativamente ao método de formação para a organização do programa de formação.

Sl. Não.	Método de formação	Pontuação média	Classific ação
1.	Palestra	1.81	V
2.	Demonstração da visita de estudo	2.96	II
3.	Discussão	2.98	I
4.	Ensino	2.15	III

| 5. | Material publicado | 2.08 | IV |

É evidente na Tabela 24 que os produtores de batata selecionados demonstraram claramente que a discussão é o método mais ideal para organizar o programa de formação, indicando a sua classificação mais elevada com uma pontuação média de 2,98. O treinamento através de demonstração ou demonstração de viagens de campo recebeu a outra atenção dos produtores de batata selecionados como outro método adequado para organizar o programa de treinamento. Os produtores de batata selecionados indicaram a sua terceira e quarta preferência em termos de método de ensino e material publicado, indicando a sua pontuação média de 2,15 e 2,08, sempre que mostraram o seu último método preferido de palestra com a pontuação média de 1,81.

Tempo de formação

Os resultados relacionados com o tempo de formação, tal como percebido pelos produtores de batata para a organização do programa de formação, são apresentados aqui no Quadro 25.

É evidente na tabela 25 que os produtores de batata selecionados mostraram claramente que durante a época de colheita era o momento ideal para organizar programas de formação eficazes, indicando a sua classificação mais elevada com uma pontuação média de 2,38.

Tabela- 25. Perceção dos produtores de batata sobre o momento de organizar o programa de formação

Sl. Não.	Tempo de formação	Pontuação média	Classificação
1.	Antes do início da cultura da batata	2.36	II
2.	Durante a época das colheitas	2.38	I
3.	Após a época de colheita	2.28	III
4.	Durante a época baixa	1.76	IV

A formação antes do início do cultivo da batata recebeu a outra atenção no que diz respeito aos horários pelos produtores de batata selecionados para organizar o programa de formação. Os produtores de batata selecionados indicaram a sua terceira preferência em termos de tempo durante a época pós-colheita, indicando a sua pontuação média de 2,28 sempre que o último tempo preferido foi observado durante a época de folga, indicando o seu valor médio de 1,76. Uma vez que a organização do programa de formação durante a época de colheita foi preferida pela maioria dos produtores de batata, porque os produtores de batata normalmente carecem de recursos, eles geralmente estavam ansiosos para ter esta cultura para que não pudessem perder o tempo de semeadura. Estas podem ser as possíveis razões para expressar o desejo de formação durante a época de colheita ou antes do início do cultivo da batata pelos inquiridos selecionados para o estudo.

****

RESUMO E CONCLUSÃO

A batata, o rei dos legumes, emergiu como uma das culturas alimentares mais importantes da Índia. A batata ocupa o quarto lugar, depois do arroz, do trigo e do milho. O poder da batata é conhecido por ter sustentado milhões de vidas, fornecendo alimentos nutritivos em tempo de guerra e de fome. O elevado potencial de produção por unidade de superfície, o alto valor nutritivo e o excelente sabor fazem da batata uma das culturas alimentares mais importantes do nosso país. A Índia produz cerca de 36,58 milhões de toneladas de batata em 1,84 milhões de hectares, com um rendimento médio de 19,95 t/ha. Os quatro principais estados produtores de batata, nomeadamente U.P., Bengala Ocidental, Bihar e Punjab, representam 74% da área e 84% da produção de batata no país. No entanto, existem grandes diferenças de produtividade entre os vários Estados, que vão de 4,21 t/ha em Sikkim a 24,62 t/ha em Gujarat. Atualmente, Bihar ocupa o 3.º lugar[rd] na área e produção de batata entre os diferentes estados da Índia. A produtividade da batata no nosso estado é bastante baixa devido a vários problemas enfrentados pelos agricultores no seu cultivo.

A atual produção de batata poderia ser aumentada consideravelmente se a tecnologia disponível fosse efetivamente transferida para o agricultor. O nosso programa de formação deve centrar-se mais na transferência de novas tecnologias dos laboratórios e institutos de investigação para os agricultores e orientá-las para os resultados. A rentabilidade precisa de ser aumentada ainda mais, mas a rentabilidade da cultura da batata está sujeita a muitos constrangimentos enfrentados pelos produtores de batata devido à produção e comercialização. Por conseguinte, os produtores de batata precisam de receber formação adequada sobre as mais recentes práticas de cultivo melhoradas para obterem mais produtividade e produção de culturas. Tendo em conta todos estes aspectos, o presente estudo foi realizado com os seguintes objectivos específicos

(1) Avaliar as caraterísticas socioeconómicas e pessoais dos produtores de batata.

(2) Medir o nível de conhecimento dos agricultores sobre a tecnologia recomendada para a produção de batata.

(3) Determinar as necessidades de formação dos produtores de batata no que respeita aos diferentes componentes de uma cultura de batata melhorada.

(4) Conhecer a perceção dos agricultores sobre as várias subcomponentes do programa de formação.

Metodologia de investigação

O distrito de Nalanda, no estado de Bihar, foi identificado como o local do presente projeto de investigação, dada a sua importância em termos de área e produção total de batata. Existem vinte blocos no distrito de Nalanda. Dos 20 blocos, foram selecionados dois blocos com base na área de batata. O bloco Biharsharif, com a área mais elevada, e o bloco Katrisarai, com a área mais baixa, foram selecionados como local de estudo.

As caraterísticas socioeconómicas e pessoais dos inquiridos, nomeadamente a idade, a educação, a propriedade, o rendimento anual, a área cultivada com batata, a intensidade da cultura, a motivação económica, a agência de extensão e o conhecimento foram selecionados como variáveis independentes para o estudo, com base numa revisão de estudos anteriores. As variáveis dependentes selecionadas foram as necessidades de formação dos produtores de batata em relação a diferentes componentes do cultivo melhorado da batata.

Foi preparada uma lista das principais áreas de formação em relação ao cultivo melhorado da batata para os agricultores, em consulta com os trabalhadores da agronomia e da extensão, a literatura relevante e os líderes locais. Finalmente, estas áreas foram (1) Variedades de alto rendimento (2) Tratamento de sementes (3) Método e época de sementeira (4) Gestão de adubos e fertilizantes (5) Irrigação e drenagem (6) Gestão de ervas daninhas (7) Proteção de plantas (8) Colheita (9) Comercialização e armazenamento.

Para cada uma das áreas principais de formação, foi também preparada uma lista de subáreas, com a ajuda da literatura relevante e de discussões com os extensionistas e os agricultores contactados anteriormente. Foi utilizada uma escala de classificação de três pontos para medir a formação nas áreas principais e nas suas subáreas.

Para a recolha de dados relevantes, foi especialmente estruturado e preparado um calendário de entrevistas pessoais, a fim de obter a resposta desejada dos agricultores numa situação presencial. Os dados foram posteriormente submetidos a uma análise estatística, como a frequência, a percentagem e a média, para obter resultados significativos.

As principais conclusões do presente estudo são resumidas a seguir:

➢ Dos sessenta produtores de batata, a maioria pertencia a um grupo etário médio de 36 a 55 anos, seguido de jovens (30,00 por cento) e idosos (11,67 por cento).

➢ A maioria dos inquiridos tinha um nível de escolaridade entre o ensino básico e o ensino secundário, seguido de um nível de escolaridade elevado (25,00 por cento), de alfabetizados (10,00 por cento) e de analfabetos (10,00 por cento).

➢ Além disso, o máximo (46,66 por cento) deles eram agricultores marginais com tamanho de exploração até 1 hectare, 30,33 por cento eram pequenos agricultores, 13,34 por cento eram médios agricultores e 6,66 por cento dos produtores de batata tinham uma grande dimensão de exploração de terras.

➢ Da mesma forma, a maioria dos produtores de batata tinha um grupo de rendimento elevado, uma intensidade de cultivo elevada, um nível médio de motivação económica e de contacto com a extensão.

➢ Verificou-se que o número máximo de produtores de batata tinha um nível médio de conhecimentos em ambos os blocos. No caso do bloco Biharsarif, 26,66% dos inquiridos tinham um baixo nível de conhecimento, enquanto 20,00% dos inquiridos selecionados possuíam um alto nível de conhecimento. No caso do bloco de Katrisarai, 36,66% dos inquiridos apresentavam um baixo nível de conhecimentos, enquanto apenas 13,34% dos inquiridos se enquadravam na categoria de alto nível de conhecimentos.

➢ Todos os produtores de batata selecionados deram prioridade à formação em medidas fitossanitárias, seguindo-se a área da variedade de alto rendimento. O tratamento de sementes foi considerado a terceira área relacionada com a necessidade de formação entre os produtores de batata, seguido do método de sementeira e da época de sementeira.

➢ A gestão de estrumes e fertilizantes, a irrigação e drenagem e a gestão de ervas daninhas foram, consequentemente, observadas como as áreas importantes de necessidades relativas de formação entre os produtores de batata, de acordo com a ordem de mérito, indicando a sua pontuação média de 2,33, 2,38, 2,31 e 1,88, respetivamente. A outra área importante, como a colheita e a comercialização e armazenamento, também foi reconhecida como uma área importante de necessidade de formação pelos produtores de batata desta área, mas as suas classificações relativas foram encontradas em oitavo e nono lugar.

> No que diz respeito às medidas de proteção das plantas, o estudo revelou que os produtores de batata queriam ser sensibilizados para a utilização de vários insecticidas e pesticidas, para a identificação das principais pragas e doenças, para a causa da propagação e também para o tempo e o método de controlo.

> A maioria dos produtores de batata preferiu que a formação fosse organizada na aldeia ou no local de demonstração durante dois dias.

> Os produtores de batata demonstraram claramente que um grupo de 25 agricultores é o tamanho ideal para a formação, que a discussão é o modelo ideal e que a formação deve ser realizada durante a época de colheita para organizar um programa de formação eficaz.

Implicações do estudo

Com base nos resultados do presente estudo, algumas das implicações para o programa de formação de agricultores podem ser descritas aqui como

- A prioridade dos tópicos do programa de formação para o cultivo melhorado da batata deve ser por ordem de medidas fitossanitárias, variedade de alto rendimento, tratamento de sementes, método e época de sementeira, gestão de estrume e fertilizantes, colheita, comercialização e armazenamento.

- A formação dos produtores de batata deve ser organizada na aldeia ou no local de demonstração durante dois dias. O tamanho de até 25 agricultores, a discussão é o modelo ideal e a formação deve ser durante a época de colheita.

- A adoção de medidas fitossanitárias, de variedades de alto rendimento e de tratamento de sementes são indicadores importantes em que os formadores e os extensionistas devem desempenhar um papel mais ativo.

1. **Sugestão para investigação futura**

Com base no presente estudo, podem ser projectados os seguintes problemas de investigação.

(1)   Para que as conclusões do presente estudo possam ser mais bem fundamentadas, devem ser efectuados outros estudos com uma amostra grande e em áreas diferentes, em condições agro-físicas e sócio-culturais variáveis.

(2)   As necessidades de formação das diferentes categorias de agricultores em relação à produção melhorada de outras culturas devem ser tidas em consideração ao organizar um programa de formação adequado para eles.

(3)   Pode ser realizada uma investigação para descobrir o impacto da formação no comportamento de adoção dos agricultores em relação às variedades melhoradas de batata.

BIBLIOGRAFIA

Anandan, T. e Vasantha, K. J. (1999). Necessidades de formação dos produtores de amendoim de regadio. *Jr. Extn. Edn.* **10** (1): 86-92.

Ansari, M.N., Paswan, A.K. e Singh, M. (2011). Impacto do programa de formação em produção de arroz da KVK no nível de conhecimento dos agricultores. *JCS,* Vol. **XXIX**: 8-13.

Aski, S.G., Dolli, S.S. e Sunderaswamy, B. (1997). Impacto da formação no conhecimento e no padrão de adoção dos produtores de cana-de-açúcar. *Maha. Jr. de Extn. Edn.* **XVI**: 208-214.

Awasthi, H.R., Singh, P.R. e Sharma, R.N. (2000). Knowledge and attitude of dairy farmers towards improved dairy practices. *Maha. Jr. de Extn. Edn.* **XIX**: 290-292.

Baioj, S.S e Nayak, H.S. (1989). Estudo dos agricultores ouvintes de rádio e suas sugestões. *Maha. Jr. de Extn. Edn.* **6**: 189.

Bajpai, M., Rathore, S. e Kaur, M. (2007). Training needs of Rice growers (Necessidades de formação dos produtores de arroz). *Indian Res. J. Ext. Edn.* Vol. **7** (2&3): 38-40.

Balasubramani, N. e Lekshmi, P.S.S. (2008). Perceção dos produtores de borracha sobre o sistema de exportação de borracha com base nas tecnologias da informação. *Indian Res. J. Ext. Edu.* **8** (2&3): 81-88.

Barman, V. e Pathak, K. (2000). A study on knowledge gap in improved autumn rice cultivation practices in Assam Agricultural Science Digest. **20** (1): 56-57.

Baruah, S., Sarashah. R.C. e Neag, R. (1998). Transferência da cultura científica do chá entre os pequenos produtores de chá de Assam. *Journal of Interacademicia.* **2** (1&2): 90-97.

Beharamkar, M.S. (1997). Necessidades de formação do formador principal no sistema T e V. *Maha. Jr. de Extn. Edn.* **16**: 47-52.

Chaudhary, R.P., Singh, A.K. e Prjapati, M. (2008). Technological gap in rice-wheat production system (Lacuna tecnológica no sistema de produção arroz-trigo). *Indian Res. J. Ext. Edu.* **8** (1): 39-41.

Chawang, J. K. e Jha, K.K. (2010). Necessidades de formação dos cultivadores de arroz em Nagaland. *Indian Res. J. Ext. Edu.* Vol. **10** (1): 74-77.

Choudhary e Sandhya (2000). Impact of Home Science Training on in-service Tribal Women (Impacto da formação em ciências domésticas nas mulheres tribais em serviço). *Maha. Jr. de Extn. Edn.* Vol. **XIX**: 329-334.

Choudhary, A.K. (1990). Effectiveness of T and V system in Bihar. Tese de doutoramento não publicada, R.A.U., Bihar, pusa.

Choudhary, P.C. e Sharma, R. (2012). Conhecimento dos produtores de malagueta sobre várias intervenções de cultivo de malagueta ao abrigo do programa de ligação entre aldeias da instituição. *Indian Res. J. Ext. Edu.* **12** (2): 25-28.

Choudhary, S. e Yadav, J.P. (2012). Nível de conhecimento dos agricultores beneficiários e não beneficiários sobre a tecnologia de produção de feijão-mungo melhorada. *Indian Res. J. Ext. Edu.* **12** (2): 70-73.

Choudhary, S.K. (1999). Necessidades de formação dos agricultores em relação à colza e mostarda de alto rendimento na aldeia adoptada do distrito de Muraul Block (Muzaffarpur). Unpub. Tese de Mestrado (Ag.), *Departamento de Extn. Edn.* R.A.U., Bihar pusa.

Das, P.K. e Sharma, J.K. (1998). Impacto da formação nos conhecimentos e na perceção dos jovens rurais sobre a apicultura científica. *Jr. Ext. Edn.* **9**: 1957-1962.

Das, R., Verma, N.S. e Singh, S.P. (1998). Technological gap in sorghum production technology. Uma análise de regressão. *Indian Jr. of Ext. Edn.* **54** (3&4): 53-56.

Deolankar (1993). Profile of entrepreneur development. Yojana, **37** (9): 13-15.

Deshmuukh, S.K., Sinde, P.S e Bhople (1995). Knowlede status of summer groundnut growers in Vidarbha. *Maha. Jr. de Extn. Edn.* **X1V**: 5-7.

Dube, A.K., Srivastva, J.P., Singh, R.P. e Sharma, V.K. (2008). Impact of KVK training programme on socio-economic status and knowledge of trainees in Allahabad district (Impacto do programa de formação KVK no estatuto socioeconómico e nos conhecimentos dos formandos no distrito de Allahabad). *Indian Res. J. Ext. Edu.* **8** (2&3): 60-61.

Gogoa, M. e Phulkan, E. (2000). Grau de adoção de práticas melhoradas de produção de arroz pelos agricultores. *Maha. Jr. de Extn. Edn.* **19**: 190-193.

Govind, S. e Subramanyam, V.S. (1988). A study on existing knowledge level of farm women on farm operation. Resumo: Conferência Internacional de Mulheres Agricultoras ICAR, Nova Deli. P- 139.

Gupta, D.D. e Sengupta, D. (1988). Community with involvement of farm women in Indian agriculture. Trabalho apresentado na conferência internacional sobre mulheres agricultoras realizada em Nova Deli (30 de novembro a 6 de dezembro).

Gupta, M.P. (1982). Training needs of farmers in Himachal Pradesh, Indian. *Jr. Ext. Edn.* **18** (3&4): 70-71.

Haque, M. (1992). Análise e conceção de uma estratégia de comunicação para aumentar a produção de arroz no leste da Índia. Tese de doutoramento não publicada, Departamento de Ensino de Extensão, RAU, Bihar, Pusa.

Helen, S. e Kaleel, F.M.H. (2010). Perceção dos potenciais utilizadores sobre o desempenho do sistema pericial agrícola. *Indian Res. J. Ext. Edu.* **10** (3): 95-99.

Intodia, S.L., Sanadhy, H. e Solanki, D. (1997). Formação profissional em jardinagem nutricional para mulheres da elite. *Maha. Jr. de Extn. Edn.* **XVI**: 254-257.

Jat, S.M., e Yadav, J.P. (2012). Nível de conhecimento dos avicultores sobre as práticas recomendadas de criação de aves de capoeira. *Indian Res. J. Ext. Edu.* **12** (1): 51-54.

Katarya, J.S. e Singh, A.P. (1987). Factores associados ao aumento dos conhecimentos através da formação dos agricultores. *Maha. Jr. de Extn. Edn.* **6**: 45-50.

Knot, B.B. e Nagore, R.D. (1998). Nível de conhecimento dos adotantes de usinas de biogás, *Maha. Jr. de Extn. Edn.* **6**: 171-174.

Kumar, A e Ramotra P. (2011). Factores que afectam o nível de conhecimento dos produtores de batata *JCS,* Vol. **XXIX:** 164-173.

Kumar, A. (1985). Necessidades de formação dos agricultores em relação ao H.Y.V. do centro de arroz em torno de Krishi Vigyan Kendra (Sokhodeora) no distrito de Nawada. Unpub. Tese de Mestrado (Ag.), Departamento de Extn. Edn. , R.A.U., Bihar, Pusa.

Kumar, R. (2002). Um estudo de factores selecionados associados à adoção da tecnologia de produção de arroz boro. Tese de Mestrado (Ag.) não publicada, Educação em Extensão, R.A.U., Bihar, Pusa.

Kumari Sushma, N.P. e Bhaskaran, C. (1995). Assessment of training needs of farmer in Agriculture, *Journal of Tropical Agriculture.* **33** (1): 59-61.

Kumari, M.L. e Ratnakar, R. (1993). Impact of Bhahala streela shikshana kendram on rural women of Guntur district of Andhra Pradesh. *Jr. Res. da Andhra Pradesh* Agril. University. **21** (3): 196.

Mangat, J.S. e Hansara, B.S. (1988). Knowledge gain through selected media combination according to Bloonis taxonomy of educational objectives interaction. **6** (1&2): 55-61.

Manker, S.A., Rajput, S.N. e Gowande, G.S. (1998). Atributos da variedade de algodão AKH-848635 que influenciam a sua adoção. *Maha. Jr. de Ext. Edn.* **17**: 11-14.

Meena, B.L. e Fulzads, R.M. (1997). Avaliação das necessidades de formação das mulheres tribais *Maha. Jr. de Extn. Edn.* **16**: 316-320.

Meena, M.S, Prasad, M., e Singh, R. (2009). Constrangimentos percebidos pelos agro-processadores rurais na adoção de tecnologias pós-colheita modernas. *Indian Res. J. of Ext. Edn.* Vol. **9** (1): 1-5

Mehta, S. e Malarija, A. (1997). Agricultural training needs of farm women of Haryana. *Journal of Dairing Foods and Home Science.* **16**: 13-32.

Mishra, S.P. e Sinha, B.P. (1981). Socio-economic correlates of technological knowledge of farm enterprises. *Indian Jr. of Extn. Edn.* **14** (1&2): 54-63.

Nanavathy, R. (1992). SEW'S experience with DWARCA. Gramin Vikas, New Letter, 23-29.

Narayana, G.S. e Reddy, S.J. (1994). Correlates of adoption of new technology. *Indian. Jr. Extn. Edu.* **30**: 189-139.

Narshimha, N. e Rao, M.S.K. (1983). Impact of training on knowledge and adoption. *Kurukshetra*, **XXXI** (20): 12-14.

Painkara,S.K., Dev,C.M.,e Mandal, B.K. (2010). Fontes de informação dos produtores de arroz tribais do distrito de Baster de Chattisgarh, *Jr. de Estudos de Comunicação,* Vol. **XXVIII** (3): 135-139.

Pandit, U. (1984). Impacto do programa Lab to Land no comportamento de adoção dos agricultores no distrito de Munger, Bihar. Tese de Mestrado (Ag.) não publicada, Departamento de Educação de Extensão, R.A.U., Bihar, Pusa.

Paniekar, Beena e Choudhari, M.R. (2000). Training of farm women in Modernisity Agriculture. *Maha. Jr. de Extn. Edn.* Vol. **XIX**: 86-88.

Parvatty, S. Kumari, N.P. e Sushma (2000). Training needs of rural women with regards to self-women need of training mostly in seed treatment and use of improved seed. *Maha. Jr. de Extn. Edn.* Vol. **XIX**: 87-91.

Patil, V.G. (1995). Technological gap in rice cultivation. *Maha. Jr. de Extn. Edn.* **XIX**: 185-188.

Rahman, S., Bachu, B.A., Matoo, F.A., Ali, A. e Wani, G.M. (1988). Participação das mulheres na agricultura de acordo com o conhecimento da criação científica de aves de capoeira. Resumo: Conferência Internacional sobre Mulheres Agricultoras, ICAR, Nova Deli, P. 73.

Rai, D.P. e Singh, K. (2008). Awarness, attitude and training needs of farmers about recommended practices in watershed development programme (Consciência, atitude e necessidades de formação dos agricultores sobre as práticas recomendadas no programa de desenvolvimento de bacias hidrográficas). *Indian Res. J. Ext. Edu.* **8** (2&3): 89-91.

Rajput, H.D. Supe, S.V. e Chinchmalatpure , U.R. (2007). Necessidades de formação dos agricultores sobre a tecnologia do algodão BT. *Indian Res. J. Ext. Edn*. Vol. **7** (10): 14-16.

Rampal, V.K. Mahindra, K e Lodher, D.S. (2005). Training needs of Extension personal on wheat production technology. *Indian J. Extn. Edn*. Vol. **41** (384): 70-75.

Rangta, R.K. (1986). Impact of training on adoption behavior of farmers with respect of high yielding varieties of paddy in adopted village of KVK, Banka Tese de Mestrado (Ag.) não publicada, Departamento de Educação de Extensão, R.A.U, Bihar, Pusa.

Raut, R.S. (1997). Necessidade de formação e expectativas dos jovens agricultores no cultivo de culturas hortícolas de sequeiro. *Maha Jr. de Extn. Edn*. Vol. **XVI**: 53-57.

Rav, P.K., Singh Prakash e Singh, A.K. (2011). Perfil socioeconómico e grau de contacto com fontes de informação dos agricultores no distrito de Faizabad de U.P. *Jr. de estudos de comunicação*. Vol. **XXIX**: 117-125.

Reddy, T. Rayapa e Bhaskran, K. (1989). Association between selected characteristics of the famers and the extent influence of the different extension agencies on improved practice. *Agril. Jr. Andhra*. **36** (9): 279-282.

Renu, J. (2008). Participação das mulheres agricultoras na produção de batata. Indian Res. J. Ext. Edu. *Indian Res. J. Ext. Edu*. **8** (1): 63-65.

Sagar, M.P., (2002). Impacto do programa de formação no conhecimento e na adoção do cultivo de cogumelos. Mushroom Research. **11** (1): 39-41.

Sagwal, R.C.. e Malik, R.S. (2010). Índice de conhecimento dos agricultores produtores de arroz. *Agricultural Extension Review* Sep.-Oct. 2001: 13-18.

Sarsawati, S.N. (1986). Necessidades de formação dos agricultores em tecnologia científica de produção de trigo. In Darbhanga district, Unpublished M.Sc. (Ag.) Thesis, Department of Extension Education, R.A.U., Bihar, Pusa.

Sethy, B. (1978). A study of the technological gap in adoption of fertilizers and the constraints involved. Divisão de Extensão Agrícola, IARI, Nova Deli.

Shakya, M.S., Patel, M.M. e Singh, V.B. (2008). Knowledge level of chickpea growers about chickpea production technology (Nível de conhecimento dos produtores de grão-de-bico sobre a tecnologia de produção de grão-de-bico). *Indian Res. J. Ext. Edu.* **8** (2&3): 65-68.

Shanthy, T.R., Thiagarajan, R. e Mukunthan, N. (2012). Percepções dos agricultores sobre o pulgão branco lanoso na cana-de-açúcar e sua prática de gestão. *Indian Res. J. Ext. Edu.* **12** (1): 1-7.

Sharma, A.K., Rao, D.U.M. e Singh, L. (2008). Achievement motivation in vegetable growers. *Indian Res. J. Ext. Edu.* **8** (1): 79-82

Sharma, K.C. e Kalla, P.N. (2006). Opinion of trainees and trainers about in service training programme (Opinião dos formandos e formadores sobre o programa de formação em serviço). *Indian Res. J. Extn. Edn.* Vol. **6** (No.3): 1-5.

Sharma, R.P., Sharma, K.N. e Dantare, M.P. (1998). Necessidades de formação dos produtores de mostarda. *Maha. Jr de Extn. Edn.* Vol **XVII**: 173.

Shinde, V.G., Kulkarni, R.R. e Dikke, R.N. (1997). Correlato dos benefícios do desenvolvimento diário aproveitados pelo agricultor. *Maha. Jr de Extn. Edn.* **16**: 152-156.

Shreshtha, P.L. e Patel, A.V. (1984). Training needs of paddy cultivation Nepalese small famers (Necessidades de formação dos pequenos agricultores nepaleses que cultivam arroz*). Maha. Jr. de Extn. Edn.* **3**: 119-121.

Shubhadeep, R., Rekha, B. e Rao. (2007). Lvel of knowledge and extent of adoption of farmers on recommended Gladiolus production practices (Nível de conhecimento e grau de adoção pelos agricultores das práticas de produção recomendadas para o gladíolo). *Indian Res. J. Ext. Edu.* **7** (2&3): 69-71

Singh, A. e Gill, S.S. (1993). Revisão dos estudos de investigação sobre adoção no Indian Journal of Extn. From 1980-1987. *Indian J of Ext. Edn.* **29** (1&2): 89-92.

Singh, D.K., Singh. A.K., Yadav, V.P., Singh, R.B., Baghel, R.S., e Singh, M. (2009). Association of socio-economic stttatus with economic motivation of the farmers. *Indian Res. j. Ext. Edu.* **9** (2): 53-56.

Singh, K.N. e Kulhari, V.S. (1981). Effectiveness fortnightly training of Extension functionaries under T & V system in Rajasthan - A paper presented in national Seminar, "Raising organizations efficiency for higher agricultural productivity through recognized agricultural extension system" held at RAU, Pusa 14-16 November (Mimeographed).

Singh, N., Yadav, V.P.S., Raina, V., e Chand, R. (2011). Necessidades de formação em apicultura em Haryana. *Indian Res. J. Extn. Edn.* Vol. **11** (1): 66-69.

Singh, P. e Singh, K. (2002). Technological gap in rapeseed and mustard cultivation in Bharatpur *Agricultural Extension Review.* março-abril, 2002: 10-13.

Singh, P., Jat, H.L. e Sharma, S.K. (2011). Associação de atributos socioeconómicos com a adoção de tecnologias de clusterbean. *Indian Res. J. Ext. Edu.* **11** (2): 37-41.

Singh, R e Arneja, G.S. (2005). Necessidades de formação dos produtores de batata. *Indian Jr. Extn. Edn.* Vol. **41** (384): 60-64.

Singh, R. (1983). Caraterísticas selecionadas dos agricultores em relação à sua adoção da mecanização agrícola. *Indian Jr. Extn. Edn.* **19** (3&4): 16-17.

Singh, R.K. e Tripathy, S. (2000). Revisão dos estudos de investigação sobre adoção publicados em *Maha. Jr. da Extn. Edn.* Vol. **XIX**: 211-215.

Singh, S. e Prasad, R.B. (1998). Impacto da formação em tecnologia de produção de arroz nos agricultores. *Maha. Jr de Extn. Edn.* Vol. **XVII**: 219.

Singh, S.P. (1987). Training needs of farmers in relation to high yielding varieties of maize in adopted villages of KVK, Munger, Unpublished M.Sc. (Ag.) Thesis, Deptt. of Extn. Edn., R.A.U., Bihar, Pusa.

Singh, S.P. e Sharma, P.K. (1990). Technological gaps in gram production in Haryana Research and Development Reporter 7 (1&2): 178-181.

Singh, U.P. (1987). Um estudo sobre a capacidade, vontade, conhecimento e comportamento de adoção de diferentes categorias de agricultores em relação à tecnologia científica de produção de arroz no distrito de Siwan, no norte de Bihar. Dissertação de Mestrado (Ag.). Tese, Departamento de Educação de Extensão, R.A.U., Bihar, Pusa.

Singh, U.P. (1987). A study on ability, willingness, knowledge and adoption behavior of different categories of farmers in relation to scientific rice production tech. in Siwan district of North Bihar.

Singh, U.P. (1992). Necessidades de formação dos agricultores em relação à produção de moong de verão no distrito de Samastipur. Uma tese de mestrado não publicada (Ag.), Dept. de Extn. Edn. R.A.U., Bihar, Pusa.

Sinha, S.K. (1998). Necessidades de formação das mulheres agricultoras em culturas importantes selecionadas no ecossistema de terras baixas do Nordeste de Bihar. Tese de Mestrado (Ag.) não publicada, Departamento de Extn. Edn. R.A.U., Bihar, Pusa.

Somasundaram, D. e Singh, S.N. (1978). Factores que afectam os conhecimentos dos pequenos agricultores que adoptam e dos que não adoptam. *Indian Jr. Extn. Edn.* **14** (1&2): 30-35.

Sreedhaya, G.S. e Sushma, K.P. (2000). Necessidades de formação dos agricultores em matéria de cultivo de produtos hortícolas *Maha. Jr. de Extn. Edn.* **19:** 92-97.

Subhashini, B. e Thayagrajan, S. (2000). Caraterísticas sócio-pessoais dos produtores de Tapioca. *Jr. Extn. Edn.* **11** (1): 2725-2726.

Takshak, R. (1990). Obtenção e utilização de crédito por mulheres empresárias. Unpub. Tese de Mestrado (Ag.), CCS, HAU, Hissar.

Thakur, P.K. (1990). Impacto diferencial de métodos de formação selecionados no comportamento de adoção dos agricultores. Tese de doutoramento não publicada, RAU. Tese de doutoramento, RAU, Bihar, Pusa.

Thankar, R.F. e Patel, K.F. (1998). Predictors of farm women's contribution in mixed farming. *Maha. Jr. de Extn. Edn.* **17**: 157-167.

Tripathy (1977). A study of technological gap in adoption of new rice technology in coastal Orissa and the constraints responsible for the same. Tese de doutoramento não publicada, divisão de Agril. Extn, IARI, Nova Deli.

Verma, T. e Verma, S. (1993). Training needs of rural women An action Research. *Indian J. Extn. Edn.* **21**: 384.

Yadav Beena (1990). Estratégia de formação para o desenvolvimento dos recursos humanos das mulheres rurais. Unpub. Tese de doutoramento, CCS H.A.U, Hissar.

Ziaul karim, A.S.M. e Mahboob, S.G. (1992). Training needs of the subject matter officers working in the department of Agricultural Extension in Bangladesh. *Journal of Training and Development.* **5** (2): 13-20.

Apêndice I

Programa da entrevista

1. Informações pessoais

Nome ....

Aldeia ....

Panchayat ....

Bock ....

2 Idade - ___________**years**

3. Educação

(a) Analfabetos ....

(b) Pode ler e escrever...

(c) Primário/médio ....

(d) Ensino secundário/Intermédio...........................

(e) Licenciados& acima...

(4) Exploração de terras

a. Dimensão da exploração fundiária (em acre / hectare)

(I) Total de terras cultiváveis__________________

(II) Terreno para cima ________________________

(III) Terra média ______________________

(IV) Terras baixas _______________________

(5). Rendimento anual (Rs.) __________________

(a) Rendimento anual total da família Rs...............................

(b) Rendimento anual total da agricultura Rs.............................

(c) Rendimento anual total de serviços e outras fontes Rs......................

(6) Superfície cultivada com batata___________ acre/hectare

(7) Intensidade da cultura.

(a) Superfície cultivada total__________________

(b) Superfície semeada líquida_____________________

(8) Motivação económica

Uma vez que a agricultura moderna é praticada com vista ao lucro e ao rendimento económico, é essencial conhecer a motivação económica dos agricultores. Eis algumas afirmações relacionadas com o mesmo.

Indique a ordem da sua preferência em relação a cada uma das seguintes afirmações

Declaração			Resposta	
			Mais apreciados	**Menos apreciado**
A.	i	Tudo o que quero da minha quinta é ganhar um sustento razoável para a minha família (1)		
	ii	Para além de obter um lucro razoável para o prazer da vida agrícola, também é importante para mim (2)		
	iii	Investiria o mínimo possível na agricultura para obter grandes lucros (3)		
B.	i	Não hesitaria em pedir emprestado qualquer quantia de dinheiro para gerir corretamente a exploração agrícola (3)		
	ii	Em vez de adotar a tecnologia melhorada de produção de batata, gostaria de continuar com as práticas agrícolas antigas (2)		
	iii	Não se trata de um lucro monetário, mas apenas de um compromisso e de um prazer (1)		
C.	i	Hesitarei em contrair empréstimos para o bom funcionamento da exploração agrícola para a produção de batata através da adoção de tecnologias de produção melhoradas (1)		
	ii	O meu principal objetivo é maximizar o lucro monetário através da cultura da batata, em vez de colher a batata apenas para consumo dos membros da família (3)		
	iii	Evitarei empréstimos excessivos de dinheiro para a produção de batata, adoptando uma tecnologia de produção melhorada (2)		

(9) Contacto com os organismos de extensão

Por favor, indique quantas vezes contactou com estas agências de extensão para recolher informações

Nome da fonte	Uma vez por semana	Uma vez por quinzena	Uma vez por mês	Raro	Nunca
Agricultores progressistas					
Parente e amigo					
V.L.W					
S.M.S					
B.A.O					
Agril. Cientista					

10) Nível de conhecimento dos agricultores sobre a tecnologia de produção de batata recomendada

(a) Nome das variedades importantes de batata e seu potencial de rendimento

Variedades Rendimento

(i)   __________ ....

(ii) __________ ....

b) Sementes e sementeiras

 (i) Taxa de sementeira__________________

(ii) Época de sementeira _____________

(iii) Método de sementeira __________

(iv) Espaçamento _____________

 (v) Tamanho do tubérculo________________

(c) Tratamento das sementes

 (i) Nome do produto químico ___________

(ii) Dose __________________

(d) Por favor, informe sobre a dose de estrume e fertilizante (Kg/ha)

Fertilizantes Adubos

(i) N________________ ....

(ii) P O$_{25}$ _______________ ....

(iii) K$_2$ o_______________ ....

e) Irrigação

   N.º de rega Tempo de rega

   ....

   ....

(f) Que quantidade de monda está a fazer na cultura da batata

(i) N.º de mondas Método de monda

   _______________ _______________

   _______________ _______________

(ii) Está a utilizar herbicidas para controlar as ervas daninhas? Em caso afirmativo, que herbicidas.

(i) Dose (ii) Momento de aplicação dos herbicidas

   _______________ _______________

(g) Que quantidade de ligação à terra está a fazer na cultura da batata?

(a) N.º de ligação à terra (a) Hora da ligação à terra _______________

____

(h) Queira referir-se a insectos/ pragas importantes da cultura da batata e respectivas medidas/dispositivos de controlo

Insectos/ pragas Medidas de controlo

   ____________ __________

   ____________ __________

(I) Doenças importantes e respectivas medidas de controlo

Nome das doenças Medidas de controlo

1. _______________ ____________

2. _______________ ____________

(j) Colheita da cultura

a. Momento da colheita b. Método de colheita

   _______________ _______________

(k) (a) Gestão pós-colheita

    i) Cura ________________

    ii) Classificação______________

    iii) Tratamento_____________

    iv) Armazenamento a frio__________

  (b) Produto transformado.

    (i) ....

    (ii)...............................

    (iii)...............................

    (iv)...............................

11) NECESSIDADE DE FORMAÇÃO.

Dê a sua opinião sobre o grau de formação de que necessita nas seguintes áreas principais e subáreas de formação na produção de batata

(a)	Principal domínio de formação	Grau de formação		
		Mais necessários	Necessário	Menos necessário
i	Variedades de alto rendimento			
ii	Tratamento de sementes			
iii	Método de sementeira e época de sementeira			
iv	Gestão de estrumes e fertilizantes			
v	Irrigação e drenagem			
vi	Gestão de ervas daninhas			
vii	Medidas fitossanitárias			
viii	Colheita			
ix	Comercialização e armazenamento			
(b)	**Sub-área de formação**			
Variedades de alto rendimento				
I	Variedades de batata recomendadas para a época			
Ii	Preço das variedades melhoradas			
iii	Fonte de disponibilidade			
iv	Caraterísticas da batata HYV			
Tratamento de sementes				

I	Seleção de sementes saudáveis e ousadas			
Ii	Método de tratamento de sementes			
iii	Nome e dose do produto químico para o tratamento de sementes			
Método de sementeira e época de sementeira				
I	Época de sementeira			
Ii	Método de sementeira			
iii	Taxa de sementeira			
iv	Espaçamento			
V	Profundidade de sementeira			
vi	Precauções a ter com as sementeiras tardias			
vii	Precauções a ter com as sementeiras precoces			
Gestão de adubos e fertilizantes				
I	Utilização de adubos orgânicos (composto/FYM, etc.)			
Ii	Escolha de fertilizantes			
iii	Dose de NPK			
iv	Método de aplicação do fertilizante			
V	Tempo e intervalo de aplicação do fertilizante			
vi	Identificação dos sintomas de deficiência de nutrientes			
Irrigação e drenagem				
I	Necessidades hídricas da cultura da batata			
Ii	Problemas de alagamento e técnica de drenagem			
iii	Número de irrigação			
iv	Tempo de irrigação			
V	Método de irrigação			
Gestão de ervas daninhas				
I	Identificação da principal flora infestante			
Ii	Nome e dose do herbicida			
iii	Tempo de pulverização			
iv	Fontes de disponibilidade e preço dos herbicidas			
Medidas fitossanitárias				
I	Identificação das principais pragas de insetos e doenças			
Ii	Causa da propagação			
iii	Tempo e método de controlo			
iv	Sensibilização para a utilização de vários insecticidas e pesticidas			

		A maioria	Moderado	Menos	Não
V	Preparação da solução pesticida				
iii	Manuseamento de instrumentos fitossanitários				
iv	Efeito residual dos insecticidas e pesticidas				
Colheita					
i	Momento da colheita				
ii	Método de colheita				
Comercialização e armazenamento					
i	Preço de comercialização				
ii	Comercialização da batata				
iii	Cura				
iv	Classificação				
v	Tratamento para armazenagem				

12) Queira dar a sua opinião sobre a melhoria do programa de formação no domínio da produção de batata

i) ....

ii) ....

iii) ....

A) Dê a sua preferência pelo local de organização dos programas de formação

	Local do evento	Preferência			
		A maioria	Moderado	Menos	Não
		3	2	1	0
i	Na aldeia				
ii	No quarto de cabeça de bloco				
iii	No sítio de demonstração				
iv	No campus da universidade / faculdade				

B) Dê a sua preferência pela duração da formação

	Duração	Preferência			
		A maioria	Moderado	Menos	Não
		3	2	1	0
i	Formação de um dia				
ii	Dois dias de formação				
iii	Três dias de formação				

iv	Uma semana de formação				
v	Quinze dias de formação				

B)   **Indique a sua preferência quanto à dimensão do grupo de formação**

N.º de formação		Preferência			
		A maioria	Moderado	Menos	Não
		3	2	1	0
i	Até 25 agricultores				
ii	26-50 agricultores				
iii	51-75 agricultores				
iv	76-100 agricultores				

C) Dê a sua preferência pelos métodos de formação a utilizar na formação

Método de formação		Preferência			
		3	2	1	0
		A maioria	Moderado	Menos	Não
i	Palestra				
ii	Demonstração ou visita de estudo				
iii	Discussão				
iv	Ensino				
v	Material publicado				

E) Indique a sua preferência em termos de calendário para a organização do programa de formação

Tempo		Preferência			
		A maioria	Moderado	Menos	Não
		3	2	1	0
i	Antes do início da cultura da batata				
ii	Durante a época das colheitas				
iii	Após a época de colheita				
iv	Durante a época baixa				

F) Por favor, dê mais sugestões para aumentar a produção de batata na sua região

      i).................................

      ii)................................

iii)...................................

I want morebooks!

Buy your books fast and straightforward online - at one of world's fastest growing online book stores! Environmentally sound due to Print-on-Demand technologies.

Buy your books online at
www.morebooks.shop

Compre os seus livros mais rápido e diretamente na internet, em uma das livrarias on-line com o maior crescimento no mundo! Produção que protege o meio ambiente através das tecnologias de impressão sob demanda.

Compre os seus livros on-line em
www.morebooks.shop

Printed by Books on Demand GmbH, Norderstedt / Germany